2050년 공원을 상상하다

2050년 공원을 상상하다

공원이 도시를 구할 수 있을까

2020년 4월 20일 초판 1쇄 펴냄
2020년 8월 3일 초판 2쇄 펴냄

지은이 온수진
펴낸이 박명권

편집 남기준, 김민주
디자인 팽선민
출력·인쇄 금석인쇄

펴낸곳 도서출판 한숲
신고일 2013년 11월 5일
신고번호 제2014-000232호
주소 서울특별시 서초구 방배로 143, 2층
전화 02-521-4626
팩스 02-521-4627
전자우편 klam@chol.com

ISBN 979-11-87511-19-9 93520
값 12,000원

* 이 도서의 국립중앙도서관 출판예정도서목록(CIP)은 서지정보유통지원시스템 홈페이지(http://seoji.nl.go.kr)와 국가자료공동목록시스템(http://www.nl.go.kr/kolisnet)에서 이용하실 수 있습니다. (CIP제어번호 : CIP2020015084)

2050년 공원을 상상하다

공원이 도시를 구할 수 있을까

온수진 지음

한숲

공원이
지루해졌다.
왜?

1995년 본격 민선 시대 이후 15년간, 서울에서 공원은 뜨거웠다. 1998년 아스팔트 여의도광장이 공원으로 바뀐 것은 군사 시대 종식을 상징했고, 2002년 쓰레기 매립지 난지도가 월드컵공원으로 변신한 것은 환경 시대의 신호탄이었다. 선유도공원의 탄생으로 이전 시대의 기억을 존중하게 되었고, 서울광장 조성으로 열린 사회를 온몸으로 맞았다. 개발 계획이 난무하던 뚝섬 일대가 2005년 서울숲으로 탈바꿈할 때까지, '공원'은 도시 공간 측면에서 다른 어떤 아이템보다 매력적 선택지였다. 청계천 복원은 전국적인 벤치마킹 대상이 되기도 했다. 매 프로젝트마다 논란도 찬사도 가득했던 가히 최전성기였다. 이 시기 마지막 프로젝트가 2009년 준공된 북서울꿈의숲과 광화문광장이라 할 수 있는데, 북서울꿈의숲은 노후된 놀이동산이던 드림랜드를 대체한 느낌이 커 이전 대형공원에 비해 파급력이 약했고, 광화문광장도 서울광장 이후 높아진 시민 눈높이를 충족하진 못했다.

2010년을 넘어서면서 공원 프로젝트는 변모했다. 대형공원 부지 확보가 어려웠기에 폐철도 부지와 같은 선형공원으로 눈길을 돌려 경의선숲길, 경춘선숲길이 연이어 조성되었고, 2017년 서울역 고가도로를 그린웨이로 바꾼 서울로7017과 유류 저장 시설을 문화 공간으로 바꾼 문화비축기지가 그 뒤를 이으며 과거의 유산을 새로운 기능으로 변모시키는 트렌드를 이어갔다. 2018년에는 마곡중앙호수공원 부지에 서울식물원을 개장했다. 이제 서울시 관내 대형공원 프로젝트는 선형공원인 국회대로와 서부·동부간선도로 상부를 제외하면 국토부에서 추진 중인 용산미군기지만 남은 형국이다.

이렇듯 2010년 이후 현재까지 공원에 대한 열기는 조금씩 가라앉았다. 이는 앞선 대형공원에 버금가는 프로젝트를 지속 발굴하기 어렵고, 건축, 디자인, 문화 분야 등도 오픈스페이스 프로젝트로 눈을 돌려, 이전 홀로 독주했던 공원 프로젝트와 치열한 경쟁을 시작했기 때문이기도 하다. 새로운 광화문 복원이나 노들섬 프로젝트, 국세청 남대문별관부지 등 지하도시 프로젝트, 불광동 혁신파크, 돈의문박물관마을 등을 떠올리면 된다. 하드웨어 측면만이 아니다. '도시재생'이라는 이름 아래 지역이, 서울이, 전국이 들썩인다. '사회 혁신', '제4차 산업혁명' 등도 마찬가지다. 금방 바뀔 트렌드라기 보다, 도시 문제의 상수로 한동안 존재할 가능성이 크다.

2020년 상반기 세계를 폭주하는 코로나19의 충격도 마찬가지다. 바이러스는 국경이 없다지만, 사람이 밀집한 도시일수록, 또 가난할수록 더 가혹하다는 것을 현실로 목도한다. '재난'이나 '전염병'이라는 요소 또한, 신자유주의만을 위한 세계화와 기후 위기에 맞서, 도시에서 지역성과 공공성, 특히 공원과 하천, 도시숲과 같은 탁 트인 공공공간의 중요성이 도드라지는 계기이자 변수임에 틀림없을 것이다.

앞서 언급했듯 최근들어 공원은 무척 평화로웠고, 또 지루해졌다. 굳이 꼽자면 장기 미집행공원이 최고 과제였고, 늘 그렇듯 뒤늦고 애매한 해결 방안이 가시화되었다. 새로운 공원 확충은 지난 20년간 열심히 했으니, 이젠 어느 정도 된 것 아니냐는 분위기다. 이젠 땅도 돈도 욕망도 없지 않느냐는 투다. 용산공원은 너무 천천히 움직이므로 움직이지 않고, 도시재생이라는 용어는 난무하므로 무용하고, 미세먼지는 나노 크기까지 분석되려고만 하고, 기후 위기는 먼 남의 일이다. 인공지능과 빅데이터가 결합한 선한 기술력이 이 숱한 문제에서 우리를 구할 수 있을까? 아니면 그 반대일까? 한국뿐 아니라 지구의 정치력은 99% 디스토피아를 단정하는 분위기다.

공원이 지루해진 건, 이러한 흐름 속에서 시대 요구에 부흥하지 못했기 때문일 것이다. 큰 공원을 만들어 지역에 영향력을 단번에 행사하는 건 이제 용산공원이 마지막이 될 가능성이 크지만, 그마저 너무 오래 지연되어서 벌써 시들하다. 새로운 프로젝트를 많이 만들지 못했다기보다, 새로운 꿈을 만들지 못했기 때문이다. 크고 작음을 떠나 공원을 통해 지역이 지금 원하는 변화를 충분히 만들어내지 못한 것이다. 누구나 고개를 끄덕일만한 사례를 못 만드니, 공원에 대한 기대가 점점 작아진다. 공원을 잘 만들고 열심히 가꾸면 충분하다는 생각에 갇혔다. 열심히 일하지만, 고객과 사회 변화를 읽어내지 못해 결국 문을 닫은 수많은 기업과 상점을 빼닮았다.

20년간 공원에 매달려 왔다. 법과 규정을 넘어, 공원에서 느끼는 문제와 시대가 원하는 문제를 두서없이 섞어, 공원의 미래를 상상해 본다. 상상하는 내내 행복했던 건, '상상'을 할 수 있어서였다. 매번 눈 앞에 닥친 시급한 문제에만 매달리다 보니, 일상에서 그간 상상하지 못했기 때문이다. 상상을 시작하니, 변화가 동시에 시작됨을 느낀다. 이제 우리는 공원을 통해 도시의 미래를 위해 무엇을 해야 할까? 짧게나마 앞으로 30년 후인 2050년의 공원을 함께 상상해 본다. 공원이 도시와 세상을 바꿀 수 있을까? 구할 수 있을까?

문화를 살리는 공원

민주주의를 살리는 공원

공원을 살리는 공원

환경을 살리는

공원

독일 프랑크푸르트 팔멘 가든(Palmen Garten) 온실

미세먼지를 막자

미세먼지가 심각하다. 미세먼지처럼 비산하는 미세한 대책들도 심각하다. 미세먼지는 생명과 직결된다. 기억할지 모르지만 예전 어떤 시장은 대기 오염을 개선해 수명을 3년 연장하겠다고 공약했을 정도다. 실제 초미세먼지로 우리나라 사람들의 수명이 1.5년 단축되었다는 연구결과도 있다. 기실 미세먼지는 기후 위기 같은 복합 문제에 비해 상대적으로 해결이 간단하다. 국내 발생 원인을 최대한 줄이면서, 외교적 노력을 통해 주변 나라들(중국, 몽골, 일본 등)과 협력해 국외 발생 원인도 줄여야 한다. 우선 자동차와 발전소를, 특히 경유차 수를 획기적으로 저감해야 한다. 결국 경제 시스템을 근본적으로 전환해야 하는데, 하는 척만 해야 하는 형국이다. 얘기가 너무 나갔다. 공원으로 돌아오자.

미세먼지가 심한 날은 야외 활동이 어려우니 당연히 공원도 이용하기 어렵다. 즉각적 대책으로 공원마다 크고 작은 돔Dome 구조 온실을 만들어 누구나 안심하고 쉬거나 뛰놀게 하면 된다. 대형 식물원 온실이나 실내놀이터를 상상하면 이해가 쉬울 것이다. 기술적으로 어려울 것은 없다. 재질도 유리에서 플라스틱류, 비닐류까지 다양한 제품이 생산되고 있다. 난방도 필요 없다. 미세먼지만 잘 걸러내는 공기 순환 시스템만 설치하면 된다. 미세먼지가 심한 날뿐 아니라, 비가 오는 날과 추운 겨울에도 이용할 수 있으니 1석3조다.

내부는 다양한 아이디어로 채우면 된다. 나무가 주는 푸르름도 있고, 꽃이 주는 아름다움도 있고, 벤치가 주는 편안함도 있고, 놀이가 주는 재미도 있고, 산책로가 주는 건강도 있고, 빈터가 주는 가능성마저 있는 공원 속 작은 공원이다. 비바람에 구애받지 않는 작은 헬스장을 운영해도 좋을 것이다. 그러면서도 항상 안전하게 운영하려면 CCTV도, 관리 인력과 프로그램도 배치하고, 새벽 시간에는 안전을 위해 잠시 닫아두는 것도 필요할 것이다. 한 공간에서 아이들은 뛰어놀고, 어른들은 휴식을 취하거나 산책하는, 세대를 아우르는 공간으로 운영하면 좋겠다.

우려도 있을 수 있다. 구조물을 세우니 자연 지반이 줄고, 법으로 정한 시설율(공원마다 시설을 설치할 수 있는 한계 면적이 지정되어 있다)을 넘어서고, 인력을 더 배치하니 관리비가 늘어난다는 지적, 모두 타당하지만, 미세먼지가 일상인 상황에서 공원에선 '무엇을 할 것인가'에 대한 절박함으로 이해해 주면 좋겠다. 추후 돔 공원을 빨리 철거할 수 있도록 근본적인 미세먼지 대책은 (국가적으로) 더 박차를 가해야 하겠지만, 그때까지 손 놓고 기다릴 수는 없으니 말이다.

일부 기업에서는 아이디어 상품으로 유리나 플라스틱을 활용한 돔 구조가 아닌, 좀 더 작은 규모의 에어돔 (돔 형태의 공기막을 형성해, 미세먼지 유입을 차단하는 시설)도 상용화하고 있다. 이러한 노력들도 모두 한 방향인 것이다. 공원 속 실내공원이 미세먼지에 대응하는 것 뿐 아니라, 추락하는 공원의 위상도 함께 막아줄까 하는 걱정은 오롯이 내 몫이겠지만 말이다.

©온수진

미국 보스턴 사우스웨스트
코리도 파크(Southwest Corridor Park) 내
반려견 공간

동물을 배려하자

우리나라 반려견은 507만 마리, 반려묘는 128만 마리, 반려동물을 키우는 집은 511만 가구로 추정된다(2018년 말 기준). 또 다른 지표에서는 2020년 반려견을 키우는 인구가 2천만 명을 넘어설 것으로 예상된다. 한편 반려묘 수는 반려견의 1/4 수준이지만, 반려묘 증가세가 반려견보다 5~6배나 커, 장기적으론 일본처럼 동일한 수준이 될 것이라 예측하기도 한다. 쉽게 말하면 앞으로 반려견, 반려묘도 중요한 공원 이용객이 틀림없다는 얘기다.

일반적으로 공원 내 반려견들을 자유롭게 풀어 뛰어놀 수 있게 한 공간을 반려견공원이라 부른다. 구성은 울타리가 있는 너른 마당에 수도시설이나 벤치 정도로 아주 간단하다. 규모가 있는 경우엔 대형견과 중소형견의 구획을 달리하는 경우도 있다. 우리나라는 마당 없는 주거 공간이 대부분이므로 반려동물을 위한 야외 공간 수요가 반려동물 증가와 비례해 폭증하는 건 당연하다. 반려견공원을 만들어 달라는 관련 단체나 애호가들의 제안은 2000년대 초부터 있어왔고, 어린이대공원에 첫 반려견공원이 설치된 것이 2013년이니, 사회적 요구로부터 약 10년 만에 응답한 셈이다. 현재 어린이대공원(광진구), 월드컵공원(마포구, 2014년), 보라매공원(동작구, 2016년), 초안산공원(도봉구, 2017년)에 각 1개소씩 운영 중이나, 반려동물 증가 추세를 고려하면 솔직히 크게 미진하다.

미진한 가장 큰 이유는 반대 민원을 피할 수 있는 적당한 공간을 찾기 어렵다는 점이다. 어떤 대상을 위한 정책을 시행하려는 순간, 격한 반대가 분출한다. 문제는 그것이 정녕 이해관계에 따른 반대인가다. 반려견공원 반대 이유가 '냄새 난다, 시끄럽다, 위험하다'를 넘어 '사람도 못 챙기면서…'에 이르게 되면, 공무원들은 많은 수요에도 불구하고 힘이 나지 않는다. 혐오를 넘어 관용과 타협의 사회를 만들지 못한 비효율은 또 오롯이 우리 몫이다.

반려동물을 키우는 주민이 많아지고 그들의 요구도 다양한 방향으로 늘어나면, 그 일부가 공원으로 향할 것임은 자명하다. 반려동물도 공원이용'객' 중 하나로 자리매김한다면, 공원이 그 요구를 소극적으로 반영할 것이 아니라 선도해야 한다. 공원도 도시의 공공시설로, 당연히 도시와 도시민이 바라는 변화를 적극 받아들여야 하니까 말이다. 공원에 반려견공원과 반려묘시설을 더 확대하자. 여기에 더해 동물병원을 유치하거나, 공공동물 병원을 설치해 함께 이용하는 것도 구상하자. 한 걸음 더 나간다면, 반려동물임시보호소, 길거리동물보호소, 반려견호텔, 반려견장례식장 등도 공원 위치와 규모에 따라 함께 받아줄 수 있어야 한다.

개나 고양이만 있는 것이 아니다. 조류, 관상어, 곤충, 파충류 또한 이미 하나의 일가를 이룬 반려동물군이다. 이런 반려동물군도 포함해 시민들이 자연스럽게 동물들을 접하는 축제나 마켓 등도 공원이 열어줄 수 있을 것이다. 전통적 가축으로 분류해오던 동물에 대한 배려도 필요하다. 치킨이 요리이며, 닭과 다른 것이라 믿는 아이들의 현실 인식을 일깨울 필요가 있다. 자연스런 조건 속에서 닭, 토끼, 염소 등 작은 가축들을 지역 어르신들이 옛 경험을 바탕으로 키우고, 학생들은 견학 및 실습을 통해 동물친화적인 경험을 쌓아갈 필요가 있다. 왜 동물에 집착할까? 사회의 발전과 경쟁 속에서 점점 외로워지는 우리의 삶을 반려해 주는 역할을 동물들에게 더 많이 기대하기 때문이다. 사람이 반려동물에게 마음을 내어주듯, 공원은 반려동물에게 마음을 내어 주어야 맞다.

ⓒ오수진

영국 런던 하이드 파크(Hyde Park) 내
다이애나 비 추모분수

물을 담자

도시에 물을 더 담자. 인간에게든 도시에게든 물은 생명이다. 물을 통해 많은 생물이 생명을 얻고, 도시 미기후를, 특히 더워져만 가는 도시 온도를 낮출 수 있다. 도시에 물을 담는 것은 나무를 심는 것과 더불어, 기후 변화와 폭염에 도시 차원으로 대처하는 안정적·효과적 방법이다. 또한 새와 곤충 등 도시의 생명체들에게 큰 기쁨을 줄 것이다. 지상도로와 고가도로 모두를 걷어내 물과 녹지를 담았던 청계천 복원이 대표적이다. 서울은 한강과 중랑천, 탄천, 안양천, 홍제천이 큰 핏줄처럼 사통팔달로 잘 어우러지지만, 안타깝게도 모세혈관과 같은 전체 34개 지천의 상당 부분은 도로로 덮여있다. 우선 콘크리트로 덮인 것을 최대한 걷어내고, 거기에 연결되는 말라버린 시냇가에 물이 흐르게 해야 한다. 청계천 이후 유사사업이 전국에서 이어졌으나, 지금은 거의 사라졌다. 왜냐하면 차도를 더 줄일 수 없다는 인식 한계에 가로막힌 탓이다.

청계천처럼 대대적이지 않더라도 이 시도를 이어가야 한다. 대학로처럼 좁더라도, 아니 광화문광장 계류처럼 더 작더라도, 로마 시내 곳곳 아름다운 분수처럼 작은 장소에라도 더 물을 담아야 한다. 인사동 길처럼 보행자 거리 한쪽으로 작은 물길이라도 이어 내고, 청계천 상류 구간도 하나하나 보행전용 거리(차량은 야간에만 통행)나 일방통행으로 바꾸고 지하에 갇힌 물길을 꺼내야 한다. 보도가 넓거나 도로를 조금이라도 줄일 수 있다면 걷는 길 옆으로 나란히 시냇물을 만들자. 조금씩이라도 빗물이 모여 머무르다 땅속으로 스미도록 기울기를 맞추자. 이 물들은 도시를 식히고, 아이가 뛰어놀고, 쉴 만한 물가를 만들고, 지하수위를 높이고, 도시가 더운 여름을 헤쳐 나갈 힘을 줄 것이다.

같은 맥락에서 공원에도 물을 더 담아야 한다. 공원에서 아이들이 가장 많은 장소는, 대개 물이 있는 공간인 시냇물과 분수, 빈 공간인 광장과 잔디밭이다. 특히 여름철 그늘이 깊은 큰 나무 옆 시냇물이나 바닥 분수는 남녀노소의 핫플레이스다. 이런 공원에도 물을 더 담을 수 있다. 작은 공원이라면 필수적으로 시냇물과 작은 연못을 만들면 된다. 놀이 공간에는 비순환식 물놀이시설을 설치하면 좋다. 상수도를 최소 용량으로 사용하므로 설치비도 적고 수질과 설비의 관리도 용이하다. 대형 바닥분

수 같은 순환식 시설에 비해 훨씬 합리적이다.

물만 담자는 말은 아니다. 공원 내 큰 연못에서는 일부라도 보트를 탈 수 있도록 한다면, 아이도 가족도 연인도 공원을 더 매력적으로 느낄 것이다. 게다가 겨울에는 이 공간을 얼려 스케이트장, 썰매장으로도 쓸 수 있다. 크고 멋진 연못을 위험하다며 그저 눈으로 바라보기만 하는 건 아깝기 그지없다.

여기에, 공원의 물을 주변 지역과 나누는 것도 효과적이다. 어차피 우수관으로 흘려보내야 하는 깨끗한 물이라면, 최대한 땅 위에서 체류 시간을 늘리는 것이 효과적이다. 이렇듯 땅 위에 머무는 물은 도시에, 공원에, 또 생물에게도 흘러, 열기는 식히고 활력은 흐르게 할 것이다.

ⓒ윤수진

남산 가재

생물과 함께 살자

도시에 생물이 잘 살게 하자. 생물을 배려하는 건 기실 사람을 위한 것이다. 이기적이지만, 우리가 잘 살아남기 위해서라도 생물들이 잘 살아 주길 바라야 하는 것이 현실이다. 벌이 사라지면 인류가 멸망할거라는 우려도 그 때문이고, 생태계 그물망이 뭉텅이째 끊어져 그 사이로 인간이 먼저 떨어져버리는 어처구니없는 상황을 막고자 하는 이유이기도 하다. 그래서 멸종위기종도 천연기념물도 지정하고 또 보호하는 것이다.

서울시 면적은 605km²이고 이 중 공원이 27%다. 도시 전체의 1/4이 넘는 큰 면적이다. 여기에 그린벨트나 농경지, 하천 등을 포함하면 녹지가 1/3이 훌쩍 넘는다. 이곳은 사람의 휴식 공간이기 전, 생물의 생활 공간이다. 우선 이곳에서 생물이 잘 살게 도와야 한다. 공원의 80%를 차지하는 산에는 물을 잘 가둬 주면 된다. 많은 물도 필요 없다. 계곡마다 조금씩 정말 바가지 한두 개 정도의 물만 항상 차 있어도 충분하다. 새들도 나비들도 산짐

승들도 그 정도면 족하다. 계곡이 마르지 않게 관리하고, 그 주변에 먹이가 되는 식물을 조금씩 심으면 된다.

한강과 지천, 각종 호수나 연못도 중요하다. 물과 콘크리트가 직접 만나고, 사람이 물가를 점령하는 방식으로는 생물과 공존할 수 없다. 일부 한강 변은 생태적으로 변모시키기도 했는데, 이를 크게 확대해야 한다. 한강뿐 아니라 지천도, 크고 작은 연못과 호수도 그 가장자리 일부는 생물에게 양보하자. 사람을 위한 수위조절용 보를 전면 철거한다면 생물에게는 로또복권 당첨이 될 것이다. 생물들이 활용 가능한 습지가 2~3배 늘어나는 셈이기 때문이다. 생물들의 복권 당첨은 사람들에게 그 열 배, 백 배의 결실로 되돌아올 것이다.

한강 신곡보 개방만 해도 그렇다. 신곡보 개방은 대한민국 하천 관리 패러다임을 토목에서 생태로, 즉 개발과 효율에서 보전과 다양성으로 바꾸는 커다란 변곡점이 될 사건이다. 수위저하 시 수상시설물 안전 등 다양한 고민은 있겠으나, 지체할 만한 이유는 아니다. 도시 생명의 원천인 강줄기를 인간 중심에서 생명(생물) 중심으로 바꾸는 일은, 도시가 직면한 위험 요인들을 완충하는 중요한 열쇠 중 하나이기 때문이다.

공원에서도 사람들이 생물에게 조금 더 양보할 필요가 있다. 나무가 죽거나 쓰러져도 베거나 치우지 않으면,

다양한 곤충 천국으로 변모한다. 돌무더기나 나무토막 만 쌓여 있어도 곤충과 작은 새들 입장에서는 각기 아파트를 분양받는 셈이다. 조금 더 쓰자. 크든 작든 공원 일부를 사람이 다가가거나 들여다보지 않는 구역으로 만들어야 한다. 물이 있는 곳이 우선적이다. 물이 없다고 해도 조금씩 흘려주기만 하면 충분하다. 일부 공간을 생태숲으로, 비오톱biotop으로 조성해 생물들에게 양보하자. 베풀면 더 돌려받을 것이다. 그것도 우리 미래 세대가 살아남을 만큼 충분히 말이다.

ⓒ온수진

남산

숲을 가꾸자

서울의 경우, 숲이 우거진 산은 모두 공원이다. 1990년대 중반까지 산은 나무를 심거나 그 나무를 베지 않고 잘 보존해야 하는 경외의 대상이었고, 당연히 빈틈없이 푸르렀다. 멀리서 볼 때 어느 수목이든 빽빽히 자라만 주면 만족하던 시절. 그러다 IMF 외환위기 당시 숲을 가꾸는 움직임이 반짝 일었다. 갑작스레 일자리를 잃은 분들을 대규모로 공공에서 채용해 숲 가꾸기 작업을 시킨 것이다. 잘 못 자라는 나무를 골라 베거나(솎아베기), 불필요한 가지를 제거하거나(가지치기), 일부 풀과 작은 나무를 제거하는 것(하예 작업)이 주 업무였다. 하지만 외환위기는 의외의 방식으로 극복되었고, 얼마 뒤 숲은 다시 적막해졌다. 숲은 경외의 대상이지, 적어도 경제의 대상은 아니었다.

예산으로 인건비를 확보해 일거에 많은 일자리를 만드는 방식은 당시에는 그릇된 방향이라 여겨졌다. 1명에게 10만 명을 먹여 살리는 아이디어를 갈구하던 시절이었다. 지금은 다르다. 일자리가 복지임을 누구나 안다. 대단한 월급이 아니라, 월급은 적더라도 안정적인 일자리가 다수 발생하는 일이, 도시에 필요한 일이라는 공감대가 형성되었다. 숲을 가꾸는 것은 기실 도시에 꼭 필요한 일임에도, 큰 경제적 이익이 직접 눈에 보이지 않기에 외면해왔다. 숲 가꾸기는 천연숲과 인공숲이 조금 다른데, 천연숲은 외부 침입종을 제거하거나 서로 경쟁하는 녀석들을 조정해 주는 작업이 주된 일이다. 인공적으로 조림한 숲은 목재 생산 목적이 아니라면 솎아베기와 가지치기를 통해 햇볕을 숲 아래까지 일부 들어오게 해 꽃과 풀과 천연림에 부합하는 어린 나무들을 자라게 해야 생태적 효과도, 산사태와 같은 재해 예방 효과(방재)도, 심지어 미세먼지 제거 효과도 높아진다. 생태와 방재와 미세먼지 모두 공교롭게도 금전적 효과 분석이 취약한 분야다.

결국, 그린 뉴딜이 필요한 시점이다. 전문 인력을 확보해 일자리를 원하는 주민들에게 실무 교육을 실시하고, 지속적으로 도시숲을 가꿔야 한다. 넓은 면적이므로 단기간에 진행하는 것이 아니라, 지속적으로 산 전체를 순환하며 시행하면 된다. 숲을 가꾸는 본연의 작업도 있겠지만, 산책로를 정비하고, 중간 중간 숲 놀이터를 만들고, 새집을 달거나 곤충과 동물들이 살 수 있는 생물서

식공간biotop을 조성하는 것도 함께 진행할 수 있다. 이러한 공간들은 자연스럽게 숲 유치원, 숲 체험 프로그램 공간으로도 활용할 수 있다. 환경 교육과 일자리 복지라는 열매를 적어도 숲속에선 한 번에 딸 수 있다. 목재를 생산하는 조림까지는 어렵더라도 적극적 시도가 필요한 이유다. 우선 자치구마다, 혹은 산마다 숲을 가꿀 수 있는 전담 조직을 구성하는 방안도 좋고, 일정 규모 이상 큰 산은 아예 국립공원으로 지정해 눈높이를 높여 관리하는 방안도 가능하다.

주로 아파트에 사는 우리에게 공원과 산의 '숲'은 숨 쉴 만한 유일한 외부 공간이다. 가정家庭은 집과 뜰의 합성어이니, 가정은 집과 뜰로 구성되어야 한다는 말일 테지만, 우리네 아파트엔 집만 있다. 옹색했던 베란다까지 집안으로 들였으니 더 말해 무엇할까. 아이들은 놀 공간이 부족하고 놀 친구들도 부족하고 마당(뜰) 조차 없으니 제 방에서 스마트폰을 타고 가상의 숲으로 놀러나간다. 자연 속에서 뛰어 논 경험이 없는 사람들의 사회가 되어가니, 우리나라가 다른 선진 국가에 비해 상대적으로 환경 위기에 무감한 것도 이해될 정도다. 가꾸다 보면 친해지고, 친해져야 내 삶에 들어오는 것이니, 숲을 가꾸어야 하는 중요한 이유는 차고 또 넘친다.

UNC & ROK/US CFC
Invite!
"Yongsan Park Gallery"
Joint Exhibition of

도시를 살리는 공원

©유청오

서울숲

공원을 나누자

우리는 공원을 만들어온 것보다 훨씬 더 잘 지켜왔다. 1888년 우리나라 최초로 조성된 인천 자유공원도, 서울 최초로 1897년 만들어진 탑골공원도 여전히 잘 지켜지고 있다. 공원 지정은 녹지 보존이라는 도시 목표를 달성하기 위한 엄격한 방식이었다. 법에 따라 지정과 해제가 가능함에도, 서울시는 '대체 부지 마련'이라는 옵션을 통해 실질적으로 공원 해제를 금지해왔다. 그러다보니 공무원들은 공원을 티 하나 없이 깨끗하게 영원히 지키고 관리하는 것을 지상 과제로 여겼고, 그 틀에서 쉬이 벗어나지 못한다. 문제는 잘 지키기 위해 고안된 그 완고함이 시대 변화에 대처하는 측면에서는 족쇄가 된다는 것이다.

공원은 앞으로 엄격하기보다 유연해야 한다. 공원은 훨씬 더 확충되어야 하지만, 사회가 처한 어려움을 해결하는 데 있어서, 공원이 나서야 할 일들이 너무나 많다는 현실도 직시해야 한다. 예를 들어 도시가 파산한다면, 공원 땅을 일부 팔아서라도 급한 재정적 어려움을 해결하는 방안이 불가피하다는 것이다. 파산이라면 수긍하는 비율이 높겠지만, '복지'나 '청년'이나 '일자리'라면 어떨까? 용산공원 부지에 임대주택을 짓자는 주장이 그 단적인 예다. 난 찬성한다. 대형공원은 상징적일 뿐 효율적이진 않다. 그 큰 공원을 하루에 구석구석 모두 이용할 수 있는 시민은 없다. 100만 평 공원보다 1만 평 공원 100개가 도시에 더 효과적임은 분명하다. 100만 평 월드컵공원은 북측과 동측 일부로만 접근 가능하다. 뚝섬 서울숲도 서남쪽에서 접근하는 이용객은 별로 없다. 또 대형공원을 둘러싼 초고층 주상복합처럼 공원을 일부 주민만 독점하는 것도 불편하다. 공원 외곽의 금싸라기 땅을 확보하기 어렵다면, 공원 내에 적정한 청년·임대 주택을 넣어 다양한 계층에게 공원을 향유할 기회를 제공해야 한다.

특히, 도로나 하천, 기타 장애물로 인해 단절되어 이용객이 접근하기 어려운 지역, 예를 들어 성수대교 북단 고산자로가 면한 서울숲 일부 구역은 청년, 신혼부부, 가난한 노인을 위한 임대주택에 자리를 내줄 수도 있어야 한다. 가능하다면 장애인, 난민, 사회 혁신 그룹에게도 나누어야 한다. 용산공원도 마찬가지다. 무엇을 오롯이 지킬 것인가라는 측면보다, 무엇을 담아야 할 것인지 열린 마음으로 접근해야 한다. 용산공원이나 대형공원들만 아니라, 모든 공원이 유념해야 한다.

만일 공원 외곽에 위치한 관리사무소를 공원 영역에서 제외해 주변 지역에 어울리는 중·고층 빌딩으로 바꾼다고 생각해보자. 이곳은 여전히 관리사무소이기도 하겠지만, 따뜻한 복지 공간, 사회적 혁신 공간, 청년의 창업 공간으로도 일부 활용할 수 있을 것이다. 서울숲에 붙여 지은 갤러리아 포레가 서울에서 가장 비싼 아파트라며 질시만 할 것이 아니라, 더 좋은 전망을 가진 임대 주택과 체육센터를 갖는 상상을 해볼 수 있어야 한다. 여의도공원 남북 측 끝자락을 조금 나누어 지금 시기에 꼭 필요한 스타트업 공간을 마련해보자. 물론 줄어드는 녹지면적 이상을 장기적으로 환원해야 함은 당연하다. 이렇듯 공원 땅을 긴급한 사회적 가치를 위해 대출해주는 유연함이 필요한 시대다. 우리에겐 나눌 땅이 없는 것이 아니라, 급한데도 땅을 나눌 수 있는 공감과 프로세스가 없는 것이다.

©환경과조경

프랑스 파리 아트란띠끄 가든(Jardin de Atlantique)

입체로 쓰자

공원, 주차장, 도서관, 문화회관, 어린이집과 유치원, 체육센터, 청소년회관, 복지센터 등 각종 공공시설은 부서별로 따로 기획되고, 따로 예산이 책정되고, 따로 시공되고, 또 따로 유지관리되므로, 서로 불화한다. 어울리지 못하고, 각각의 상급 부서도 다르니 서로 협력하기 어려워 시너지는 아예 기대하지 못한다. 흔히 칸막이 행정이라 욕하는 그 문제점이다. 이런 다종다양한 시설을 함께 아우를 수 있는 여지가 있는 곳이 그나마 공원이다. 이를 실험적으로 극복하려 했던 사업이 2003년부터 10년간 서울에서 추진한 '1동 1마을공원' 사업이었다. 공원 지하 일부에 지하주차장을 설치하고, 지상 일부에는 어린이집을 함께 건립하는 복합공원 조성사업이었다. 충분히 가치 있는 시도였으나, 대상지 지정 과정, 토지 매입 과정에서 벌어진 일부 부조리에다가 기관장이 교체되며 침몰했다.

일정 규모 공원을 새로 만들 때, 또는 기존 공원이

일정 규모 이상일 때, 지역에서 수요가 있다면 1주일 내내 늦게까지 운영하는 공공 어린이집을 필수적으로 건립하면 좋겠다. 또, 공원을 지으면서 스타트업 지원센터를 함께 기획하면 어떤가? 도서관을 지으며 한 층을 사회적기업에 내주고, 주변 부지는 공원으로 조성하면 어떤가? 지하주차장이나 입체주차장을 지으면서 그 상부에 공원을 만들거나 경로당을 건립하면 어떨까? 문화회관을 지으면서 작은 도서관과 체육센터를 함께 배치하고, 외부공간을 공원으로 꾸미면 어떨까? 장애인센터와 청소년회관이 함께 동거하고, 옥상을 공원으로 조성하면 안 되나? 아니면, 중대형공원마다 행복센터를 만들어 사회가 그때그때 요구하는 용도들을 유연하게 담는 방안도 있을 것이다.

물론 행정은 사뭇 불편할 것이지만, 늘 그래왔듯 이내 적응할 것이다. 공원을 중심으로 서로 자유로이 공공시설들이 융합하는 것은 비용적으로만 효과적인 것이 아니다. 오히려 공원이어야 여러 기능을 함께 이용하거나 서로 도울 수 있는 시너지 효과가 비용 효과보다 더 높을 수 있다. 공공 유치원 확충처럼 우리 사회가 시급히 해결해야 하는 문제들은 공원을 중심으로 할 때, 더 효과적으로 해결할 수 있는 방안이기도 하다.

종국에는 어떤 구조로 기획할지, 각기 분절된 예산

을 어떻게 통합 집행할지, 유지관리를 어떻게 나눌지에 대한 문제만 남는다. 사실 행정이 좀 귀찮을 뿐이지, 서로 예산을 구분하는 것은 어렵지 않다. 총사업비를 산출해 총면적 기준으로 각자 예산을 세우면 된다. 관리비도 마찬가지다. 더 중요한 것은 많은 기능이 융합될수록, 더 소중한 가치를 담아낼수록 다른 지역에 우선해 지원하는 원칙만 바로 세우면 된다. 지금 당장에도 쏟아지는 문제들을 해결하기에 우리는 충분히 다급하지 않은가? 급한 이가 우물을 파는 법이고, 이 성급함이 문제를 해결할 실마리를 어디선가 찾아낼 것이고, 그 힌트는 공원이 쥐고 있을 것이다.

독일 베를린 틸라 뒤리외 파크(Tilla Durieux Park)

울타리를 걷자

도시의 숨통을 틔우는 작고 효과적인 방법은 담장을 허무는 것이다. 특히, 공공기관이 가진 야외 공간을 개방하면 효과가 크다. 쉬운 사례가 광화문 앞 옛 문화부 청사를 리노베이션한 대한민국역사박물관이다. 문화부 건물일 때 펜스로 둘러쳐 있던 것이 2012년 말 박물관으로 개장하면서 건물 전면부가 작고 세련된 녹지 광장으로 변모했다. 몇 년 뒤 미 대사관이 용산으로 이전하면, 남쪽으로 더 연결되고 또 확장될 것이다.

이는 기능이 바뀌었으니 가능하지, 계속 정부청사였다면 차량 동선, 보안 등의 이유로 불가능했을 가능성도 크다. 하지만 앞으로도 계속 그래야 할까? 맞은편 광화문 정부청사를 보면 아직도 전면부로 차량이 진입한다. 총리나 장관은 중형차를 타고 전면 현관에 내려 휠체어는 못 가는 계단을 멋지게 걸어 올라갈 것이다. 이게 권위주의 상징이다. 서울시 신청사처럼 '보행자는 앞문으로, 차는 뒷문으로'는 이미 도착한 도시 트렌드다. 행정 안전부 이전과 광화문광장 재조성 사업 덕분에 흔들리는 정부청사의 권위도, 이젠 차량은 뒤로 돌아 들어가게 하고 앞마당은 국민들에게 내어 줄 적절한 타이밍이 되었다.

담장개방은 특히, 정문을 지나 건물 전면에 주차장을 보유하고 있는 기관 청사들에 우선 적용되어야 한다. 대중교통과 가까운 곳이라면, 주차장을 크게 줄여야 한다. 그럼에도 꼭 필요한 주차 공간과 차량 진입로는 뒤편이나 측면에 확보하고, 전면을 시민 휴식공간이자 보행공간으로 조성하면 된다. 담장부터 챙기던 보안은 건물부터 챙기도록 물러서고, 방어 인력부터 챙기던 시위는 원인부터 챙기는 대범한 방법도 있다. 나무를 심어 공원처럼, 정원처럼 꾸며도 좋겠지만, 그저 비어 있어도 좋다. 보행로와 벤치 몇 개면 충분하다. 관리 업무도 해당 기관이 불편해 한다면 자치단체와 나누면 된다. 소유권, 보안, 시위, 주차장, 부속시설과의 연계 등 많은 반론을 이야기하기 전에, 권위주의 잔재는 아닌지 냉정히 돌아보자. 민간에게 땅의 공공성을 이야기하고 싶다면, 공공에서 먼저 공공성을 보여주어야 한다.

대표적 공공공간인 공원도 마찬가지다. 관성적으로 설치한 울타리로 인해 공원이 도시에서 소외된다. 새롭게 조성하는 공원의 울타리는 최소화하고, 기존 공원이

닫혀 있다면 더 열어야 한다. 주택가와 면한 공원의 경계부는 더 많은 골목길과 연결되어야 하고, 길과 면한 공원의 경계부도 더 많이 열어 서로 소통해야 한다. 필요하다면 집과 공원 사이에도 문을 내고, 주택을 매입해서라도 새 길을 트는 적극성도 가져야 한다. 주변과 적극적으로 연결되지 않는 공원은 소외되고, 결국 소멸된다.

민간 건물이라면 이 역할을 수행하는 공간이 공개공지다. 허가 당시와 달리 훼손되거나 주차장이나 기타 목적으로 바뀌거나 폐쇄되는 문제 또한 심각하다. 솜방망이 과태료 방식은 결국 불법을 조장한다. 약속된 허가 조건을 지키도록 하기 위해서라도 자치단체에서 직접 관리하고, 그 비용을 주인에게 부담시키는 적극적 개선 노력이 필요하다. 더 나아가 민간 건물의 담장 개방에 대한 공격적 인센티브를 주어야 한다. 건물 보안 시스템을 고쳐주고, 개방 공간 사용료 명목으로 일부라도 세금에서 덜어주면 어떨까? 결국 울타리를 걷어낸 자리에 소통과 숨통이 피어날 것이다.

UNC & ROK/US CFC
United Nations Command & ROK/US Combined Forces
유엔군 사령부와 한미연합군 사령부
Invite!
“Yongsan Park Gallery”
Joint Exhibition of Seoul-USFK, 2018-2019
CAMP COINER
T127
S1225
1224

©은수진

용산공원 갤러리

용산공원에 참여하자

용산공원이 가시권에 들어왔다. 미 대사관 등 최종 잔류 부지를 정리하고 미군이 국방부를 거쳐 땅을 넘겨주면 —이 과정에서 환경부와 지자체 중심으로 오염 조사 및 정화 과정을 거쳐야 한다— 국토부에서 조성한 뒤, 운영센터를 만들어 관리하게 된다. 10조 원 땅에 1,500억 원 공사비에 500억 원 연간 운영비를 지속적으로 전액 국비로 투입하는 실질적 국가공원의 시작이다. 입지상 주 수혜자일 수밖에 없는 용산구민과 서울시민은 말만 들어도 이미 행복하다. 명시적인 비용 부담이 없는 서울시도 아주 편안해 보인다. 실제로 서울시는 메인 부지 이외 부속 토지 개발을 위한 도시계획 변경만을 담당하고, 그 외에는 기지 내부 버스 투어, 갤러리 운영 등 소소하게 국토부, 주한 미군과 함께 해 나가는 모양새다.

물론 최근 서울시는 미국 대사관 직원 숙소 부지를 공원 출입구로 환원하기 위해, 5천억 상당의 기부채납을 정부에 제공했다.

이제 맘놓고 기다리면 될까? 국토부는 공원을 조성도 운영도 해 본 경험이 있다. 4대강에 많은 수변공원을 만들었고, (지방정부를 통해) 관리하고 있다. 허나 천만도시의 심장부에 200만m^{2}가 넘는 대형공원을 만드는 일은 많은 고민과 노하우가 필요한 일이다. 우선 대형공원이 꼭 필요한지에 대한 논의부터 필요하다. 특별법에 메인 부지 전체를 공원으로 조성하도록 강제되어 있다. 이는 그 당시 대통령과 서울시장이 정치적으로 대립하던 현실에서, 정부가 메인 부지 일부를 개발할 걱정 때문에 우겨 얻은 조항이다. 물론 메인 부지 전체를 공원으로 조성해 보전한다는 명분은 있으되, 그렇다고 그 자체가 좋은 공원이 된다는 보증 수표는 아니다.

용산공원은 근대역사공원, 문화공원, 생태공원, 근린공원의 성격을 가진다. 일제강점기 시절부터 건립된 수백수천 개 근대 건축물과 시설물을 어느 정도 보전하고 기록하는 역사공원의 성격이 필수적이다. 이미 경계 내에 있는 국립박물관, 전쟁기념관에 추가적인 조성을 고민하는 박물관 벨트 또한 열린 논의 속에서 일정 부문 수용할 수 있을 것이다. 기존 수목과 지천들, 새롭게 조성될 호수 등을 중심으로 도심의 생태축과 비오톱의 역할도, 놀이와 휴식, 문화와 체육 등 근린공원의 근본적 기능도 담아야 한다.

주변 문제도 모두 예민하다. 아니, 기실 이 프로젝트는 공원 하나를 새로 만드는 것이 아니라 서울의 중심부를 송두리째 바꾸는 일이다. 국가상징거리, 남산, 동작대교, 지하철, 박물관 등 물리적으로 관련 있는 어느 하나 중요하지 않은 것이 없다. 외부적인 요인들이 물리적인 것뿐일까? 일자리를 늘리고, 사회를 혁신하고, 복지를 확대하고, 청년을 북돋우는 일은 어쩌면 전통적인 공원의 기능에 비해 더 큰 사회적 요구를 용산공원이 어떻게 수용할 것인지 함께 궁리해야 할 일일 것이다.

그냥 기다리면 될까? 미래는 과거에서 배워야 한다. 서울 어린이대공원이 개장한 지 47년이다. 월드컵공원, 서울숲 등 대형공원 조성과 관리 경험이 가장 큰 서울시다. 서울시는 계획-공사-관리에 적극 참여해야 한다. 참여는 곧 부담과 책임을 함께 진다는 것이다. 국토부가 열심히 하겠지만, 서울시가 주인의식을 갖고 적극적으로 부담하고 참여하고 책임지지 못하는 '강 건너 불구경' 자세로는 단연코 '실패'다.

©유청오

해방촌, 2019 서울정원박람회 작가정원

도시재생에 나서자

'도시재생'은 '누가' 바라보느냐와 '어떻게' 바라보느냐에 따라 제각각이다. '누가'의 범주에는 지역 내 주체인 지주, 주민, 상공인과 지역 외 주체인 공무원, 전문가, NGO로, 또 이 성격을 나눠 가진 중간 지원 조직으로 갈린다. '어떻게'의 범주에는 크게는 '소통'과 '사업'으로 갈린다. 문제는 '누가'라는 범주에서도 각 그룹마다 최소 몇 가지 갈래가 존재한다는 것이다. 결국 이렇게 갈래갈래 나뉜 주체들이 소통과 사업으로 또 갈라져 각자 움직이며 이합집산하는 지역의 움직임을 뭉뚱그려 부르는 이름이 '도시재생'이다.

현 도시재생 자장 안에서 공원은 늘 고립된다. 공원을 대상으로 접근한 도시재생 사업은 대부분 표류한다. 당연하다. 공원은 주된 구성 요소인 식물의 특성과 닮았다. 움직이지 않으면서 조금씩 적응하며 살아남는다. 도시재생은 하이에나의 특성과 닮았다. 무리를 지어 어슬렁거리다 적당한 목표물을 정하고 밀어붙인다. 물론 보전 중심의 DNA를 가진 공원이 변화를 이끌어야 하는 도시재생의 중심에 서기는 어렵다. 그렇다면 공원은 도시재생과 상극일까? 그건 또 아니다. 이미 제각각이라 언급한 도시재생 성격에 따라 잘 어울릴 수도 있다. 문제는 서로가 어울릴 수 있는 태도와 이해할 수 있는 시간을 충분히 가지느냐다.

공원은 기실 도시재생이라는 용어가 나오기 전부터 주민과의 소통에 민감했다. 크고 중요해서 예민한 사업일수록 평일 낮 시간 우호적 주민 몇 분만 특별히 모시며 공청회를 하는 경우가 아직도 왕왕 있지만, 2010년부터 공원 관련 주민설명회, 공청회 등은 직장인 참여를 위해 밤 8시에 개최했고, 지역의 빅마우스를 견제하는 포스트잇 방식도 내부적으로 규정화했을 정도다. 물론 공원 사업은 누구에게나 영향을 미치는 사업이기도 했지만, 상대적으로 절박한 이해관계가 없어 누구나 말하기 좋은 편한 대상이었고, 누구나 전문가처럼 말할 수 있는 쉬운(?) 대상이기도 했다. 그렇기에 공원 조성을 계기로 주민들이 조직화되기에는 한계가 있었다.

도시재생은 절박하다. 그러니 상충되는 의견을 가진 이해관계자들이 예민하고 조직화하는 경향도 높다. 중간지대가 없는 것이다. 공원이 중간지대의 역할을 해야 한다. 상시적인 만남의 공간이 될 수도, 직접적인 사업 대상지로 한 권을 내줄 수도 있을 것이다. 디테일하고 유연한 공원 정책이 필요하다. 현 정부 들어 도시재생 뉴딜 사업비만 매년 10조 원이다. 중앙정부에서 큰돈을 다루면 현장에선 디테일이 떨어질 수밖에 없다. 돌파구가 부족한 도시재생 지역이라면 주변의 공원을 불러보자. 공원에게도 부담을 지우고, 적극적 소통과 역할도 맡겨보자.

녹색을 살리는

공 원

영국 런던 하이드 파크 정원

정원을 넣자

정원 바람이 거세다. 이 바람은 공원이 만족스럽지 않아 생긴 것이다. 자연을 가까이 느끼고 싶은 건 본능이지만 아파트나 원룸에 아름다운 정원을 구현하긴 어렵다. 그나마 가능성 있던 베란다도 이미 거실로 욱여넣은 터다. 제대로 된 정원을 집에서 즐기지 못하니 공공정원인 공원에서 이 욕구를 해소해야 하는데, 현실이 기대에 못 미치는 것이다. 솔직히 현재 공원들은 만성적 예산 삭감을 핑계로 유지관리 편리성만 우선시 해온 것도 현실이다. 여러모로 엄두를 내기 어려운 여건도 이해는 간다. 그러니 주민들이 가까운 동네공원은 외면하고 대신 식물원, 수목원, 사립 정원, 각종 전시회 등을 찾아다니며 그 욕구를 충족할 수밖에.

공원 곳곳에 정원을 넣자. '공원에 정원을', 줄이면 '공정(한)' 프로젝트다. 이렇게 주민들 요구가 분명한데 못할 이유가 있겠는가? 돈이 없어서, 훼손될까봐, 디자인도 유지관리도 어려워서라는 등 뻔한 이유는 걷어치우고 멋진 정원을 공원에 넣어보자. 계절을 느낄 수 있고, 숨은 매력을 뽐내고, 지역의 고유한 향기를 담는 정원을 집 주변 공원이나 보도 변에 만들고 가꾸자. 우선 기존 설계자나 공원디자이너로 하여금 공원 전반을 살펴 정원을 도입할 공간을 찾아내고, 정원디자이너와 협업하여 대상지별 계절별로 디자인하면 된다. 공간을 찾기 어렵다고? 생각보다 간단하다. 공원 내에서 관리가 용이한 철쭉과 회양목을 모아 심은 공간은, 모두 정원을 만들 최적지다. 정원디자이너의 지도하에, 주민과 기업과 학교 등이 그룹별로 참여해, 각각의 정원을 만들고 지속적으로 가꾸면 한결 수월할 것이다. 재료비 수준의 종잣돈은 관에서 우선 확보하고, 민간의 기부와 참여를 유도하는 방안도 현실적이다.

지엽적 시행만으로 지속가능성을 확보하기 어려운 것도 현실이다. 각 공원에 정원을 심는 노력을 격려하는 콘테스트를 시행해 인센티브를 주면, 참여도는 더 높아질 것이다. 여기에 2012년부터 정원사 교육을 통해 양성해온 자원봉사자(시민정원사, 도시정원사 등)를 지속적으로 육성하고, 지역별 조직을 구성해 공원별, 구청별로 활동할 수 있도록 적극 지원해야 한다. 이러한 구축 과정 자체도 민간에 맡기는 것이 중요한 포인트다. 공공조직 중심의 공원이나 정원의 관리 체계를 다원화하는 것은 전문성을 축적하고 건강한 긴장 관계를 만듦으로써, 장기적으로 모두에게 유리하다. 결국 정원은 시설이 아니라 문화이기 때문이다. 어디서나 자주 보고 감동하는 빈도에 따라 체득된다. 화사한 정원, 거칠고 메마른 정원, 풍성한 정원, 흥미로운 정원, 파격적인 정원을 무시로 만나는 매력 넘치는 도시를 상상해 본다.

©온수진

영국 런던 하이드 파크 텃밭

텃밭을 품자

도시엔 텃밭이 필요하다. 시급하다. 아이들이 텃밭을 통해 바른 먹거리를 몸소 배워야 하기 때문이다. 가난한 아이들은 돌봄을 못 받아서, 부유한 아이들은 학원에 치여서, 편의점과 패스트푸드, 치킨집 등 프랜차이즈가 밥상을 대체하는 추세다. 특히, 땅에서 자라는 채소와 과일은 거부되고 화학첨가물이 잔뜩 든 음식이 소울 푸드로 각인되는 시대다. 건강도 문화도 없는 아이들로 자라서는 암담, 그 자체다. 서울도 텃밭을 여럿 운영한다. 하지만 부족하다. 면적도 부족하지만, 더 크게는 프로그램이 부족하다. 텃밭 수요자가 어르신 위주다 보니 수확량에 집중한다. 지금 도시 아이들에게 필요한 것은 땅을 일궈 씨를 뿌리고, 식물을 가꿔 수확하고, 그 작물을 손수 요리해서 진짜배기 맛을 보는 바로 그 재미다.

급격한 도시화를 완충하는 가장 공격적 방안은 도시에 녹색을 더하는 것이며, 녹색의 핵심은 나무와 꽃이다. 나무와 꽃의 일부인 농작물은 더욱 의미를 가지는데, 우리 음식 문화와 연결되기 때문이다. 집에서 아이들에게 음식 문화를 가르치기 어렵다면, 공원이라도 나서야 하는 이유다. 서울시가 20년 가까이 도시농업 부서를 만들어 애써온 과정에서 서울시 전체 1/4을 차지하는 공원은 빠져 있었다. 텃밭 분양이 공원이 추구해 온 공공성과 맞지 않고, 경관이 아름답지 않다는 이유도 들었지만, 농림부, 국토부, 산림청으로 나뉜 칸막이 행정에 종속된 결과이기도 하다.

우선 공원 곳곳에 정원을 넣듯, 텃밭도 균형 있게 넣어야 한다. 아름답지 않다고 걱정되는지? 정원은 본래 텃밭이었다. 잘 가꾼 텃밭은 정원만큼 아름답다. 텃밭이 경관을 망치는 것이 아니라 더 풍요롭게 함을 실증하기 위해 공원 유휴 공간을 모아 시도해야 한다. 개별 분양하는 텃밭이 아니라 학급별로, 어린이집별로, 프로그램별로 공동 경작하는 아름다운 음식정원, 산채정원, 채소정원을 상상해 보라. 작은 가축을 키우는 공간을 더하면 금상첨화다. 아이들 관심을 더 빨리 이끌 것이다. 텃밭은 교육 공간, 요리 공간과도 꼭 연계되어야 한다. 이곳에는 지속적으로 텃밭을 방문해 농사를 짓고 요리 수업에 참여할 아이들이 필요하다. 인근 어린이집이나 유치원, 초등학교나 중학교와 연계하자. 다행히 도시농사와 요리를 지도해 줄 선생님은 많다. 동네 어르신들이 아직까지는 건강하시다. 몸으로 부대끼고 맛보면 좋아하게 되고, 좋아하게 된 것은 몸이 기억한다.

요리만이 아니다. 장을 담그고, 발효를 배우고, 장아찌를 담그는 수많은 음식 문화 프로그램을 텃밭 활동과 결합하고, 이를 확대해 나간다면 산업으로써 '도시농업'이 아니라, 문화로써 '도시농사', '토종먹거리', 즉 문화의 곳간으로 공원이 자리매김할 수 있을 것이다. 공원이 해야 할 일이 너무 많지만, 아이들에게 건강한 먹거리를 알리는 텃밭을 품어야 하는 것은 결코 잊어선 안 될 것이다.

©온수진

베트남 호치민 벽면녹화

4D 녹지로 채우자

민선 시대가 시작된 1990년대 중반부터 서울은 옥상녹화와 벽면녹화를 통해 도시의 회색 구조물을 푸른 식물로 덮어씌워 왔다. 하지만 지금은 정체기다. 민간 건물에 대한 옥상녹화 지원(50%)이 크게 줄었고, 벽면녹화는 공공구조물만 대상으로 하다 보니, 대상지가 한계에 이르렀다. 건축 규제 완화 차원에서 옥상녹화에 대한 용적률 인센티브도 줄어 민간 동력이 크게 줄었고, 최근 미세먼지 저감 방안으로 부각되는 민간 건축물 벽면녹화는 인센티브 자체가 없어 아예 시동조차 걸리기 힘들다. 도시인 이상 콘크리트도 필수 요소이나 이 해악을 저감하기 위한 혁신인 옥상·벽면 녹화는, 확장은커녕 소멸을 기다리는 셈이다.

옥상은 도심에서 유일하게 자동차와 경쟁하지 않으면서도 녹지를 확충할 수 있는 공간이다. 더불어 도시를 조망하는 공간이기도 하다. 루프탑 카페가 인기를 끄는 것도 그런 이유다. 하지만 옥상녹화는 결국 건축물의 용적률을 더 확보하려는 수단으로 전락해 시늉만 낼 뿐이어서, 조성 후 1~2년 내 변질되는 경우도 상당수다. 건축 과정에서 합리적 시설 기준만 적용해도 가능할 텐데, 이마저도 일부 기업의 방어 논리에 밀려 미적거린다. 목표를 분명히 하는 제도 개선이 필수다. 여기에 마중물 격인 공공의 예산 지원도 예전 수준 이상으로 확대해야 한다.

녹지는 미세먼지를 줄인다. 미세먼지는 잎 표면에 붙었다가 비가 오면 땅으로 씻겨 내려 고정된다. 더 작은 미세먼지는 잎의 작은 구멍(기공)으로 흡수되기도 한다. 대학교 1학년 식물학 교재에 나오는 메커니즘이다. 하지만 도시에서 녹지는 확 늘어나기 어렵다. 건축물 벽면녹화를 챙겨야 하는 이유다. 건물에 부착하지 않는 방식으로 벽면녹화 효과를 거두는 그린 커튼도 최근 관심이 높아지고 있다. 벽면녹화나 그린 커튼은 태생적으로 미세먼지 제거에 중요하다. 발생원인 차량이나 건물과 가까운 곳에 설치되어, 미세먼지를 흡착 내지 흡입한다. 물론 만능은 아니다. 흡착된 일부는 빗물로 흘러내려 제거되지만, 일부는 다시 공기 중으로 돌아간다. 벽면녹화의 장점은 다양하다. 흉물스러운 콘크리트 입면을 가리고, 건물엔 단열과 방음 효과를 높이고, 도시 열섬 현상을 완화한다. 시각적 휴식도 준다. 옥상녹화는 사적인 녹지 공간을 확보하는 측면이 강하지만, 벽면녹화는 공익 효과가 더 크다. 공공에서 적극 지원해야 하는 분명한 이유다.

요즘은 실내녹화도 이슈다. 공기청정기도 일종의 오염원임을 누구나 안다. 미세먼지를 피해 실내로 몰려드는, 아니 하루의 90% 이상을 실내에서 보내는 우리 자신을 위해 실내녹화를 도입해야 한다. 작은 화분 수준에서 칸막이화분, 실내벽면녹화, 걸이화분 등 아이디어도 확장되고, 기존 관엽식물에서 선인장 등 다육식물까지 식물 후보군도 대폭 늘어났다. 건물 지상, 옥상, 외벽 등 3D 외부 공간에 실내라는 차원이 더해져 4D 녹지가 되는 셈이다.

옥상과 벽면을 녹화하고, 건물 내부의 공간과 벽면까지 4D로 녹화하는 건, 결국 우리 주변에 극히 부족한 자연을 가까이 두어야 안정감을 가지는 인간 본능 때문이기도 하다. 허나 또 중요한 이유는 토지 공공성처럼 지구 환경에 영향을 미치는 건물 공공성 때문이다. 강제하고, 지원하고, 지속적으로 감시해야 한다. 경제 활성화라는 미명하에 이익 활성화에만 집착하는 건축물 관리의 현 실태를 극복하지 못한다면, 종국에는 미래 세대에 기후 위기와 미세먼지만 남겨주게 될 것이다.

©오수진

중국 상하이 플라타너스 가로수

가로수를
더 심자

중국 상하이와 주변 지역을 여행하면서 가장 인상적이었던 도시 경관은 플라타너스(양버즘나무) 가로수였다. 가로수의 교과서를 보는 것 같았다. 가장 잘 자라고, 가장 공해에 강하고, 가장 그늘이 넓고, 가장 크게 자라는 플라타너스를 종비털 날린다고, 낙엽 많다고, 방패벌레 심하다고 핑계 대며 대부분 베어냈다. 실상은 건물을 가린다고, 간판을 가린다고 베어낸 것이다. 심은 지 20~30년 된 대형 가로수를 베어내고 새로 나무를 심으면 제 몫을 하기까지 최소 15~20년 걸린다. 선대와 후대가 가지는 가로수 효과 차이는 극복될 수 없다. 가로수 교체는 가로수 학살에 다름 아닌 이유다. 나무가 신성하다는 것을 우린 종종 잘 잊는다. 도시의 재앙들은 이러한 원인이 중첩하여 발생한다.

기후 위기가 두려운가? 기후 위기와 도시 열섬화는 같은 원인을 갖는다. 도시 열섬화는 도로와 건물에서 기인하는 바가 크다. 도로의 문제 요소는 아스콘과 자동차

배출열이고, 건물의 문제 요소는 콘크리트와 냉난방열이다. 도시의 열기를 식히는 방법 중 가장 싸고 효과적인 방법은 1개 차선을 줄여 도로 중앙을 따라 큰 가로수를 심는 것이다. 특히 플라타너스와 같은 넓고 크게 자라는 가로수는 도로의 열기를 미연에 막아준다. 차로를 줄이니 차량의 열기도 줄고, 그늘이 늘어나니 그 열기도 줄고. 상하이에서 오래된 미래를 본 이유다.

오래전 서울 여러 곳의 대로에 중앙분리대 녹지가 있었으나, 차량의 증가에 떠밀려 사라졌다. 나서 자라던 동네를 가로지른 시흥대로가 대표적이다. 중앙분리대 녹지대뿐 아니라, 별도의 자전거길이 있었고, 도로와 자전거길 사이에도 1차선 규모의 녹지대가 띠를 이루고 있었다. 당시 능수버들 가로수는 사뭇 장관이었다. 이러한 1970년대 선진적 도로 시스템은 고속 성장의 1980년대를 거치며 대부분 사라졌고, 이젠 덩그러니 신작로만 남았다. 나무는 더 심어야 하니 좁은 보도에 2열 식재니 다층 식재니 힘주어 말하지만 실로 허망하다.

가로수를 더 심어야 한다. 거의 사라져가는 중앙분리대 녹지를 가능한 구간에 모두 복원해야 한다. 열기 가득한 드넓은 도로마다 중앙분리대 녹지가 필요한 이유는 해가 어느 방향이든지 관계없이 노면을 그늘로 덮어주기 때문이다. 지하철 등 지하구조물로 인해 큰 나무 심기가 어렵다면 박스 구조물을 설치해, 유실수나 꽃나무, 야생화와 풀을 아름답게 심으면 된다. 과도한 차폐로 운전 시 불편을 준다는 의견은 이제 IoT로 막아내야 한다.

더 중요한 것이 있다. 맘껏 자라지 못하는 가로수는 제대로 역할을 할 수 없다. 가로수 위로 지나는 전선(배전선로) 관리에 방해가 된다며, 매년 4~5만 그루에 달하는 가로수 상단부를 가지치기 한다. 잘려나가는 나뭇가지를 환산하면 가로수 수백 그루를 생으로 베어내는 엄청난 손실이다. 조속한 전선 지중화를 시행하지 않고서는, 도시의 환경과 경관을 회복하는 데 큰 방해를 받는 것이다. 또, 베거나 이식하는 가로수를 꼼꼼하게 세어둬야 하는 것도 문제다. 몇 천만 그루 심는 것이 문제가 아니다. 얼마나 많은 나무가 얼토당토하지 않은 이유로 제거되는지 모른다면, 엄청난 도시 녹화를 달성하더라도 실 효과는 형편없을 가능성이 있다. 교차로 교통섬에도 파라솔 대신 키 큰 그늘목을 심어야 한다. 가로수는 띠녹지로 잇고, 이 빠진 공간들도 가로수를 꼼꼼히 채워야 한다. 키 큰 가로수 사이사이에는 작은 과일나무와 꽃나무를 이어 붙도록 심어야 한다. 결국 큰 나무와 작은 나무들이 이어지며 숲이 되도록 말이다. 가로수를 더 심는 만큼 도시의 파국은 조금씩 유보될 것이다.

©온수진

영국 런던 하이드 파크 마로니에

나무를 베자

가로수는 잘 베면서, 공원에선 나무 하나 베는 데, 말 그대로 벌벌 떤다. 가려질 간판이 없어서인가, 아니면 나무 사랑이 공원에서만 유독 심해서인가? 실제 이러저러한 사유로 현장에서 나무를 베면, 여지없이 민원이 날아든다. 보는 눈이 많고도 매섭다. 그러다보니 적극적인 관리를 하지 않는다. 보행에 불편을 준다든지 하는 누가 봐도 꼭 필요한 이유로만 나무에 손을 대는 소극적 관리를 하게 된다.

덕분에 공원에 나무가 많지만 큰 나무가 없다. 몸집을 불리지 못하고 좁은 땅에 빽빽하게 심어진 채, 콩나물처럼 길쭉하니 하늘로만 자라난다. 말 못한다고 아우성이 없는 것이 아니다. 만원 지하철처럼 서로서로 짓눌려 아파하는 신음소리가 공원 곳곳서 울려 퍼진다. 외국 도시의 유서 깊은 공원에서 늘 마주하는 거목들을 떠올려 보면, 어떤 이야기인지 금방 이해할 수 있을 것이다.

나무는 솎아야 한다. 처음 심을 때에는 휑하다며 작

더라도 여러 그루를 모아 심는다. 조금만 자라면 서로 부대낀다. 이 때 솎아 옮겨주어야 한다. 문제는 솎아 옮겨주는 일을 안 한다. 왜? 어려우니까. 우선 솎아진 나무를 옮겨 심을 자리가 없어서다. 나무가 비싼 게 아니라 땅이 비싸니까. 새로운 비싼 땅에 나무를 심는 사람은 솎아 심어 모양이 좀 처지는 나무보다, 잘생긴 새 나무를 사서 심고 싶다. 솎아 심을 인력이나 예산이 없고, 게다가 솎아 심은 나무는 '하자' 처리가 어려워 더 외면 받는다. 한때 구청마다 빈 땅을 확보해 나무은행도 운영했지만, 빈 땅도 귀하고 나무 관리도 어렵고 민원도 많고 행정 일도 거추장스러워 대부분 문 닫았다. 뾰족한 대책이 없으니 솎아낼 수가 없다. 우선, 솎아낼 수 있는 여지를 둬야 한다. 나무은행을 구청에 맡길 것이 아니라 권역별로 서울시에서 직접 땅을 확보해 전문가에 맡겨 운영해야 한다.

좀 더 큰 나무는 결국 솎아 베어야 한다. 옮겨 심을 수 있는 한계를 넘어선 나무는 베어야 한다. 빨리 베어야 남겨지는 나무들이 제 모양을 갖춘다. 베어내지 못하면 앞서 말했듯 다 같이 망한다. 오래된 공원에 가보면 나무가 높이 자라 숲이 우거지고 그늘이 잘 만들어져 있다. 허나 나무 한 그루 한 그루 보면 대부분 장애가 있다. 키만 크거나, 한쪽은 가지가 없이 한쪽으로만 가지가 자라거나, 똑바로 서있지를 못하거나 하는 경우가 대부분이다. 숲은 있으되 숲 구성원인 나무는 아름답지도 또 행복하지도 않은 부조리가 가득하다.

지금 당장 나무를 베어야 한다. 베어진 나무는 사라지지만 사라진 자리는 땅에 햇볕을 공급해 야생화를 키울 것이고, 남겨진 나무들은 곧 빈 공간을 메우고 장애를 극복하고 큰 거목으로 성장하며 오래 행복할 것이다. 좀 더 정확한 연구가 필요하지만, 공원은 조성 후 10년마다 30~50%씩 키 큰 나무를 옮기거나 골라 베어야 한다. 그래야 거대하고 신령스러운 나무가 남아 공원을 지킬 것이다. 이 열악한 도시를 최후까지 지킬 것이다.

문화를
살리는
공 원

©오수진

낙산공원 예술 프로그램

예술을 즐기자

공원엔 넓은 야외 공간이 있다. 차가 다니지 않아 안전하고, 나무 그늘과 시원한 바람도 오간다. 산책과 운동과 휴식을 즐기는 차별화된 공간이다. 상대적으로 부족한 건 예술이다. 조각공원이라는 변종이 있기는 하지만, 공원에는 본래 자연을 담지, 예술을 잘 배려하지 않는다. 하지만 좋은 예술은 그 자체로 감동이니, 공원에서 만나면 특별함이 더하다. 개인적으로 좋아하는 공원을 꼽을 때 예술이 한몫하는 경우가 많다. 덕수궁과 현대미술관, 올림픽공원과 소마미술관은 오랜 단짝처럼 여겨진다. 조각을 좋아하지 않는 사람도 노을공원의 너른 잔디밭에서 조각 작품을 만날 땐 조금 다른 느낌을 맛볼 가능성이 높다.

고정된 예술도 좋지만, 움직이는 예술도 흥미롭다. 2013년 선유도공원에서 처음 시작한 거리예술마켓은 미약했던 거리예술을 거대한 나무로 자라게 했고, 종내에는 유구했던 하이서울페스티벌을 거리예술축제로 접수

해 버렸다. 초기 선유도공원의 기기묘묘한 공간에서 벌어지던 기기묘묘한 공연들의 향기를 잊을 수 없다. 개장 3년차인 서울로7017은 버스킹 성지다. 길지만 넓지 않은 폭에 불규칙한 화분 배치 등 약점으로 여겨지는 공간 구조가 오히려 버스킹 공연엔 최적임이 증명되었다. 이름마저 '서울로밴드'인 버스킹 팀은 서울로에서만큼은 슈퍼스타다. 노후 피아노 리폼 프로젝트인 '달려라 피아노'도 서울로에선 더 성황이다. 숨은 실력자들이 정례적으로 출몰해 솜씨를 자랑하는 이유는 관객이 늘 지나다니는 선형 공간이기 때문이다. 너른 공간이었다면 음향이 상충되어 더 뜸했을 것이다. 코스튬 플레이로 유명한 선유도공원이나, 궁 내부가 일종의 한복 패션쇼장으로 변모하는 경복궁도 이렇게 움직이는 예술을 만나는 공원이다. 최초의 공원으로 일컬어지는 런던 복스홀가든도 일종의 무도장이었다. 그 이전 왕궁이나 귀족 정원에서만 이루어지던 무도회가 일반인들이 갈 수 있는 공원에서 펼쳐지기 시작했으니, 그 예술에 대한 시민들의 반향은 사뭇 뜨거웠을 것이다.

앞으로 공원에서 예술을 즐기기 위한 고민이 한층 높아져야 한다. 우선, 공원마다 각자의 규모에 적합한 미술관을 보유하면 좋겠다. 야외무대는 갖추는 경우가 많아도, 미술관을 가진 공원은 드물다. 미술관이 둥지를 틀

수 있는 크고 작은 공간을 배려해야 한다. 민간 기업이 사회공헌 차원에서 미술관을 건립하도록 공간을 제공하는 방안도, 기존 건물 일부를 할애하는 방안도 좋다. 자생적인 민간 미술관이 늘어나는 추세임에도 이를 유연하게 수용할 공공공간과 맞춤한 규정 또한 부족한 실정이다. 어느 공원에서나 다양한 예술을 만날 수 있도록 배려하겠다는 분명한 목표가 필요하다.

365일 중에 열흘도 채 써먹지 못하는 공원의 야외무대도 골칫거리다. 대표적인 공급자 위주 시설이다. 우선 공연친화적인 시설 개선이 시급하다. 음향도 조명도 전문 업체를 불러 큰 비용을 치러야만 활용이 가능하고, 우천에도 뙤약볕에도 취약한 구조다. 자생적 지역 문화가 상시 스며들어 비빌 언덕이 되기 어렵다. 기존 야외무대 활용도를 높이기 위한 대책을 강구한다면, 예술은 이를 계기로 조금씩 피어날 것이다. 공원 곳곳에서 벌어지는 버스킹 공연도 관리 대상이 아니라 육성 대상으로 봐야 한다. 예술이 공원에서 꽃필 때, 비로소 공원도 함께 꽃필 것이다.

©온수진

미국 뉴욕 센트럴 파크(Central Park)
야구장

체육을 섞자

공원은 국토부가, 체육은 문체부가 관장한다. 서울시도 공원은 푸른도시국이, 체육은 관광체육국이 맡는다. 공원과 운동장이 말로는 분명히 구분되지만 역할은 엉켜 있다. 서로 유사한 기능을 가진 공간을 각자 관리할 때 발생하는 결과는 비효율 수준이 아니다. 전쟁이다. 서로 맞서다 감정이 상하고, 협력은 비토된다. 효창공원은 효창운동장이, 서울숲은 승마장이, 남산공원은 리틀야구장이 오랜 골칫거리인 것처럼. 허나 체육 쪽 입장도 마찬가지일 것이 틀림없다. 외국 도시들은 이미 공원과 체육을 '파크 앤 레크리에이션park & recreation' 개념으로 묶었다. 그게 효과적이라고 본 것이다. 우리만 아직 따로국밥인 이유는, 체육의 무게 중심이 엘리트 체육에서 주민체육으로 이행하지 않아서라는 지적이 타당해 보인다.

공원이 체육과 더 친해져야 하는 이유는 넘친다. 우선 공원 내 체육 활동은 도시의 활력을 상징한다. 산책, 달리기, 야외체육시설 정도로는 충분하지 않다. 전문성이 조금 높은 배드민턴, 테니스, 농구, 암벽등반, 익스트림 스포츠X-game 공간까지 공원에 채워 보았지만, 배타성을 넘어서서 누구나 언제나 편안하게 생활처럼 이용하는 분위기만큼은 아직까지 채워지지 않았다. 그러니 기존 시설이 부담되고, 새로 만들기도 주저하는 상황까지 벌어진다.

올림픽공원처럼 공원에 운동장이나 체육시설을 섞어야 한다. 기실 어느 공원에서도 인상적인 체육 활동을 떠올리게 해주는 곳이 없다. 이런 상황에서 공원에 더 필요하고 또 적합한 체육시설은 뭘까? 우선 수영장과 아이스링크가 떠오른다. 사계절 내내 이용률이 안정적인 전통적인 체육시설이다. 도시 곳곳에 수영장과 아이스링크를 갖춘 도시라… 상상만으로도 멋지다(조금 분하지만 일본 도시가 그러하다). 수영장이 너무 크다면 잠수 풀도 좋다. 요즘 스킨·스쿠버다이빙이 인기이니, 수요도 충분하다. 실내 스카이다이빙장도 좋다. 모두 유지관리비를 충당하는 유료 시설이기도 하고, 미세먼지 시즌이나 동절기에도 공원에 활력을 줄 것이다. 실외로 눈을 돌리면 우선 풋살장이나 농구장 규모의 작은 다목적 운동장이 떠오른다. 풋살, T볼, 농구, 배구, 족구, 배드민턴 등이 가능한, 울타리가 설치된 작은 운동장을 상상하면 좋겠다. 다양한 용도로 활용률을 높이고, 편안하게 온라인으로 신청, 결제할 수 있어야 한다. 어린이집 등 단체 이용까지 강구하면 안정적 수요 확보도 어렵지 않다. 야외체육시설도 주머니 가벼운 어르신들께는 여전히 인기다. 작은 실내 헬스장으로 확산시켜 볼 필요도 있다. 사계절 이용 욕구도 있지만, 한편으론 신재생에너지를 생산하는 기회도 될 수 있다.

시설로만 운동하는 건 아니다. 공원 자체로 재미있는 체육 활동을 궁리해야 하는 이유다. 오리엔티어링도 좋은 체육 활동이다. '어반애슬론'처럼 지형물을 이용한 각종 장애물을 통과하여 달리는 엔터테인먼트 러닝 대회도 지역 축제로 탁월하다. 택견, 요가, 리듬체조, 각종 댄스까지 인근 전문 인력과 협업을 통해 다양한 프로그램 운영도 열정이 있다면 가능하다. 결국 열정이다. 생각해보면 체육은 건강을 통해 인생의 열정을 만드는 작업이기도 하다. 열정을 가지고 체육을 공원과 섞자.

©오수진

미국 뉴욕 유니언 스퀘어 파크(Union Square Park)
농부시장

마켓을 허하자

극단을 달린다. 온라인쇼핑에 총알배송, 새벽배송이 대세인 반면, 다양한 오프라인 마켓들도 함께 뜨는 걸 보면. 정작 전통시장들은 대형마트와의 경쟁에 밀려 위기의식이 높은데, 아날로그의 반격인가? 서울 곳곳엔 독특한 오프라인 마켓들이 인기다. 도심 쪽으론 마로니에공원에서 8년째 이어지는 마르쉐@혜화가 대표격이고, 외곽에선 북한강변서 펼쳐지는 문호리 리버마켓이 강력하고, 원주 새벽시장이나 홍대 프리마켓은 전통이 있다. 서울만 해도 광화문광장과 만리동광장에서 매주 펼쳐지는 농부시장, 젊은 연인들이 즐겨 찾는 밤도깨비야시장이 한강, 청계천 등지에서 주기적으로 또 성황리에 개최된다. 대부분 농산물, 가공 및 조리음식, 디자인·공예·생활용품이 대세고, 잘 디자인된 공간과 상품이 특징이다.

그늘과 휴식 공간이 조화된 공원이니, 이러저러 마켓에 적지임에도, 그간 공원은 마켓과 상극이었다. 그 뿌리는 풍물시장이다. 온갖 민원을 앞세워 풍물시장을 허가 받고, 싸구려 물건에 안주와 술과 음악으로 그 본래의 부족함을 채운다. 과음과 음담패설과 고성방가에 다툼까지 자연스레 이어지는 골칫거리였다. 지금은 잘 먹히지 않는 아이템이 되었지만, 그 트라우마는 여전히 골이 깊다. 이러한 상처를 회복시킨 건 농부시장 마르쉐의 공이 크다. 원리주의자 수준의 환경 원칙, 세련된 공간 디자인, 생산자인 농부 중심으로 구성된 아름다운 마켓의 탄생이었다. 연극, 버스킹 등 마로니에공원의 기존 브랜드를 세련된 농부시장으로 갈아치웠다. 허나 이런 마르쉐도 공원내에서 행사 공간을 안정적으로 마련하는 일이나 마켓 운영 중 벌어지는 각종 민원에서 자유롭지 못한 것 또한 현실이다.

공원에 이런 다양한 마켓을 허하고 또 인큐베이팅해야 한다. 농부시장도 좋고 벼룩시장도 좋다. 예술마켓도, 책마켓도, 곤충마켓도, 학기 초마다 문구마켓도 좋다. 아니 중구난방이어도 좋다. 다만, 그 지역과 함께 고민해 기획하고, 함께 관리하여, 오랜 세월이 묻으면 그것이 바로 공원의 브랜드다. 홍대 앞 창전공원 프리마켓이, 마로니에공원의 마르쉐@혜화가 바로 그런 생생한 사례다. 공원에서 마켓을 운영하는 데는 넘어야 할 제약도 많다. 공원은 본래 제약이 많은 곳이다. 판매도 안 되고 취사도 안 되고 무언가를 설치하는 것도 안 되고… 본래

안 되는 것 투성이다.

허나, 하나하나 넘어서는 노력도, 확 휩쓸어버리는 강단도 때로 필요하다. 임시 시장 지정을 활용하고, 조리調理(여러 재료를 잘 맞추어 음식을 만듦)와 취사炊事(끼니로 먹을 음식 따위를 마련하는 것)를 구분하고, 푸드트럭을 활용하고, 판매 물품 검사 시스템을 민관이 협력해 주말과 공휴일에도 안정적으로 운영할 수 있어야 한다. 상대적으로 공원 이용객이 적은 주말이나 공휴일 아침이나 오전 시간을 활용함으로써 다른 이용 욕구와 시공간적 공존을 모색하고, 건강한 음식문화, 탄탄한 지역문화, 수준 높은 예술문화를 통해 발언권을 얻어 공원에서 안정적으로 공간과 시간을 선점해야 한다. 공원에 마켓을 허하면 무엇이 좋아질까? 공원의 내용이 다양해진다. 공원을 이용할 이유가 늘어난다. 덕분에 새로운 이용객이 발굴된다. 즉, 공원 마켓은 공원 마케팅의 작지만 거대한 시작이 될 것이다.

미국 샌프란시스코 거리

놀이를 살리자

놀이전문학원이 곳곳에서 운영(여기에 영어가 끼어들면 수강료가 사립대 등록금 뺨친다)되고, 국가가 초등학생에게 쉬는 시간을 모아 30분가량 놀이시간을 강제하는 현실. 모두 한입으로 놀이가 필요하다 말하는 것이다. 왜? 아이들이 놀 수 없으니까. 놀 시간도 장소도 마음도 없다. 우선 방과후교실, 학원, 운동클럽 빽빽이로 놀 시간이 절대적으로 부족하다. 학교는 아이들이 방과 후 운동장에 남아 노는 것조차 부담스러워하고, 부모들은 아이들끼리 공원에서 노는 것도, 차 다니는 거리에서 노는 것도 저어하니, 놀 장소도 마땅치 않은 셈. 더 중요한 건 시간과 장소가 확보된다손 치더라도, 아이들의 마음을 빼앗아야 할 놀이의 경쟁 상대는 게임이나 또는 유튜브 등으로 엄청난 강적이라는 점이다. 게임은 시간도 장소도 심지어 날씨, 미세먼지 등 환경으로부터도 자유롭다. 아무 때나 틈나는 대로 어디서든 할 수 있고, 재미난 데다 (게임 안에서는) 어른이 간섭할 수 없어 금상첨화다. 그럼 놀이는, 또 대표적 놀이 공간인 공원은 이 상황에 어떻게 대응해야 할까?

아이들이 자연과 함께 뛰어놀아야 하는 이유를 설명하기는 어렵다. 심지어 지금 아이들 세대는 차라리 가상현실에서 평생토록 오래오래 행복하게 살 수 있지 않을까 하는 먹먹한 생각이 들기도 한다. 물론, 우리를 비롯한 선진국에서는 아이들이 자연 속에서 친구나 가족과 함께 뛰어놀 수 있도록 많은 노력을 기울인다. 자연(환경) 속에서, 사람들 속에서 자기 존재를, 실제의 관계를 생생히 느낄 수 있기 때문이다. 건강, 생태적·농경적 감수성 등 많은 이유로 아이들은 자유롭게 뛰어 놀아야 한다. 허나, 현실 세계에서 뛰어놀기 어려운 아이들은 가상현실에서 뛰어놀고, 또 마음껏 행동한다. 부모도 따라 들어올 수 없는 세상을 구축해 친구들과 함께 뛰어논다. 물론 몸은 각자 집에 머물면서. 게다가 게임은 자연보다 더 빠르게 진화한다.

자, 이제 공원으로 돌아오자. 공원이 어떻게 놀이를 살리고, 게임과 경쟁할 수 있을까? 어렵다. 공원의 문제는 일단, 현재 만들어 놓은 놀이 공간이 재미없고, 아이들이 즐길 수 있는 놀이 문화가 없다는 것이다. 하드웨어도 문제이지만, 소프트웨어가 훨씬 문제다. 하드웨어에 해당하는 놀이 공간은 천편일률적이고 과도한 안전기준 때문에 하품이 나기도 하지만, 그래도 공원에는 흔해 빠진 흙길, 물길, 언덕과 풀과 나무가 항상 놀이터를 대신할 수 있기 때문이다. 공무원도 전문가도 주민들과 어린이들과 함께 누구나 놀 수 있고, 창의적으로 놀 수 있는 놀이터를 만들고자 많은 노력을 기울인다. 엉뚱한 아이디어지만, 공원 안에 아예 학원을 설치해도 좋을 것 같다. 그럼으로써 아이들이 학원에 가면서 공원을 지나 가고, 학원이 끝나면 잠시 공원에 머무르게 하는 것이다. 학원과 경쟁할 것이 아니라, 학원과 공원이 공존하게 하는 것도 발상의 전환이다.

이렇게 하드웨어를 보완하는 일은 충분히 중요하고, 계속 진행해 나가야 하겠지만, 더 우선적인 것은 노는 프로그램을 더 많이 기획해야 한다. 공동 육아, 어린이집, 학교 등 지역과 연계하여 공원이 먼저 놀아야 한다. 지역 아이들의 놀이 공간에 공원이 주인공으로 등장해야 한다. 여기에 놀이활동가(일본에선 플레이워커라 칭함)를 충분히 확보하고, 누구나 언제나 공원에서 숲에서 맘껏 뛰놀 수 있는 진한 경험을 지속적으로 만들어 주어야 한다. 놀이를 살리는 것은 추억을 살리는 것이고, 그 추억이 결국 오래도록 공원을 되살릴 것이다.

독일정원박람회 모델 정원

무덤을 파자

매장에서 화장으로, 변화는 끝났다. 이제 화두는 분골을 어디에 모시느냐다. 다양한 납골당을 분양 또는 대여하는 것이 대세이지만, 부담도 크고 또 몸과 마음에서 멀다. 분골은 가까운 곳, 자주 가볼 수 있는 곳에 모셔야 더 잘 기억할 수 있다. 공원은 여러모로 분골을 모시기 좋은 장소다. 집안에 모시는 것은 우리 정서에 맞지 않지만, 집 근처 자주 가는 공원이나 고인이 좋아하던 공간에 모시는 것은 의미 깊다. 평장으로 설치한다면, 공원의 기능에 해를 줄 이유도 없다. 공동묘지를 쉬이 떠올리는 오랜 정서적 저항이 문제일 뿐.

지역마다 반대가 불같을 것이다. 허나 생각해보면 누구나 죽는다. 내가 묻힐 곳이 나도 잘 모르는 곳보다, 내가 자주 가던 공간이라면 더 편안할 것이다. 나도 묻히고, 너도 묻힌다. 매장이었다면 미리 묫자리를 둘러보고 기억할 수 있겠지만, 납골당을 미리 가보고 준비하는 경우는 그다지 많지 않다. 비용도 합리적이지 않지만, 선택

과정 또한 폭력적이다. 파리의 페흐라세즈 공동묘지는 관광지로써 꼭 찾아가지만, 내 집 앞 공원에 모르는 사람 묘지는 싫다는 의견도, 결국 시대가 변하면서 줄어들 것이다.

공원에 묻힌다면 수목장이 우선 떠오르겠지만, 다른 방식도 가능하다. 독일 거리에서 간혹 볼 수 있던 '걸려 넘어지게 하는' 걸림돌 '슈톨퍼스타인stolpersteine'처럼, 공원 산책로 보도블록도 가능하다. 좀 너른 디딤돌에도, 계단석에도, 의자에도, 크고 작은 바위에도, 작은 정원과 꽃나무 아래도 가능할 것이다. 내가 좋아하던 공원의 작은 공간, 산책길, 특정한 꽃과 나무를 미리 임대해 사후 쉼터를 마련하는 방안 말이다.

공원이니 저렴하게 기부금을 받으면 좋겠다. 규모별, 시설별로 50년 기준 일시금 5만원에서 500만원까지 하한선을 설정하고 그 이상은 자유로이 기부하면 된다. 가난한 분에게는 그 또한 받지 않아도 좋다. 철저한 관리야 당연하겠지만, 기념일에 신청하면 꽃다발을 꽂아 기억하는 서비스도 좋을 것이다. 무엇보다도 안장식을 하는 장소가 외국 영화의 한 장면처럼 쾌적하고 친근한 집 근처 공원이라는 점에서, 남은 이들이 기억을 되새길 때도 편안함을 줄 것이다.

사람만 묻힐 필요가 있을까? 반려동물도 화장하는

시대다. 반려견을 늘 함께 산책하던 길에 묻을 수 있다면, 솔직히 먼 친척보다 더 애틋할 것이다. 반려식물은 어떨까? 자신이 죽으면 자신이 키우던 반려식물을 공원 한쪽에 심고, 그 곁에 오래 눕고 싶을지도 모른다. 허나, 아직 반려인형까지는 좀 무리다. 좀 더 기다려 달라. 하여튼 우리도 모두 죽는다는 분명한 명제를 기억하며, 공원에 무덤을 파자.

MINAMI IKEBUKURO PARK
Enjoy
Go
Do it Yourself
LETS GO
EAT! TALK! PLAY!

민주주의를 살리는 공원

마로니에공원

제도를 바꾸자

공원이 도시의 새로운 미래를 만들겠다면, 공원 관련 제도 또한 바꾸어야 한다. 우선 도시공원위원회를 없애야 한다. 중앙정부든 지방정부든 일 좀 하려면 다양한 건축물, 조형물을 만들어야 하는데, 땅값이 비싸니 돈 안 드는 공원 내 국공유지로 압력이 몰린다. 조직 규율상 상사 지시를 대놓고 거부하기 어려운 공무원을 대신해, 이런 압력을 지난 30년간 육탄 방어해 온 민관위원회가 도시공원위원회다. 나름 처절한 제 역할을 해왔으나, 시간이 지나면 환경도 바뀌는 법. 이젠 공원 땅 한 뼘 굳건히 지키는 마인드에서 벗어나, 기후 위기와 미세먼지, 4차 산업혁명 파고를 마주한 도시의 위기이자 기회를 선도하는 역할로 바뀌어야 한다. 방어만 능사가 아니라 때론 공격도 필요한 때다. 개발 압력을 막는 기존 몫에 더불어, 공원에 혁신을 담는 일, 민간 참여를 확대하는 일, 돈을 벌어들이는 일, 사회 갈등을 푸는 일에도 앞장서야 한다. 구성도 전문가 중심에서 벗어나 지역성과 계층성을 다양화하고, 방만했던 공원녹지총감독, 공공조경가그룹, 행복위원회 등 기존 체계를 포괄해 가칭 '공원혁신협의체'를 만들어 민간의 저력을 모아 내는 창구 역할까지 해내야 한다.

두 번째, 공원참여예산제를 전면화해야 한다. 참여예산제는 서울시에서 발화해 전국적으로 확산 일로다. 직접 민주주의에 대한 시대 요구에 맞물리는 데다, 초기 몇 년간 제도상 문제들을 잘 극복해왔다. 결과적으로 참여 예산의 1/3 이상이 공원에 집중된다. 공원 시설을 정비하거나 새 기능을 추가하는 내용들이어서, 한편에선 공원 예산을 확보하는 편법으로 비판 받기도 한다. 허나 공원 예산은 전체를 참여예산제 형식으로 바꾸어도 무방하다. 왜냐하면 공원 예산은 누구나 이해할 수 있고, 판단할 수 있는 성격을 갖기 때문이다. 공무원이 우선권을 갖던 체계에서 시민과 NPO가 함께 아이디어를 내고 서로 경쟁해야 한다. 서로 정보를 공유할 수 있다면, 민주주의에 내맡겨 좋을 분야가 특히 공원인 것이다.

세 번째, 공원 내 매점, 음식점 등 수익시설 운영자 선정 시 적용해 온 '최고가 입찰방식'은 이제 그만 바꾸어야 한다. 이 제도로 더 벌어들인 돈보다, 이로 인해 망가져 온 공원 가치가 훨씬 크다. 까마득하게 높은 임대료를 낸 사람이 운영하는 시설이, 이용객에게 높은 만족도를 주는 경우는 결단코 없다. 이 제도는 공무원이 다칠 가능성을 없앰으로써, 공원에 치명적 해를 가하는 형국이다. 정부 시행령을 바꾸면 해결되는 문제를 20년간 단 한 발짝도 나아가지 못했다. 현재로선 매출연동요율제가 합리적이겠지만, 장기적으론 일정 임대료 이내에서 다각적으로 평가해 선발하고 마음껏 운영하고 철저히 평가하는 꼼꼼한 시스템이 새 시대에 부합할 것이다.

외에도 고쳐야 할 제도는 부지기수다. 하지만 제도개선은 난망이다. 제도를 주도하는 중앙부처에 공원을 고민하는 부서가 없어서다. 1995년 지방자치제 출범 후 지자체마다 폭발적으로 확대된 공원녹지 관련 사업과 조직이, 그래서 중앙정부에선 강 건너 불구경이었던 것이다. 공원은 부수적 업무이자 지방 문제라는 낙인 속에 무려 50년이 흘렀다. 그래서 공원 제도는 주먹구구고, 새 시대를 맞을 혁신 동력이 태동할 기미는 어디에도 보이지 않는다. 제도를 탓하며 너무 오래 지내왔다. 시간은 기다려주지 않으니 몸과 마음을 모아 제도를 바꾸어야 할 때다. 아님 그냥 지르던지.

©은수진

일본 동경 미나미이케부쿠로 공원

민간이 운영하자

공원은 법적으로 지방자치단체 책임이라, 관리도 지방공무원이 독점한다. 관리 경험과 노하우는 지방자치단체에만 쌓이는 구조다. 중앙정부도 관여하려 하지 않으므로 속사정을 세세히 알 수 없고, 주민도 마찬가지다. 수목 관리, 정원 관리, 시설 관리, 프로그램 관리, 홍보 등 세부 분야별로야 민간 전문가가 차고 넘치지만, 법령을 해석해 적용하는 운영관리, 방향을 설정하는 브랜드 구축과 이 모든 걸 종합하는 총괄관리는 오롯이 지방자치단체 몫이다.

공원에선 많은 이용객 수만큼 수많은 요구가 생멸한다. 양쪽 이해관계를 보수적 접근을 통해 문제를 증폭시키지 않는데 탁월한 공무원 조직이지만, 새로운 요구에 대응이 더딘 이유이기도 하다. 그렇다고 오랜 독점으로 인한 경험과 노하우가 잘 쌓였느냐하면 물음표다. 책임지는 자세로 뚝심 있게 밀어붙이는 성격을 인정하지 않는 것은 아니나, 새 시대는 좀 더 즉각적이고 적극적인 공원의 변화를 원한다. 잘못하면 탄핵하듯, 정의롭지 않다고 판단하면 이용자는 느긋이 기다리지 않는다. 민원 증가량보다 SNS 확산 속도가 더 빠르다. 그러기에 공원 관리 운영도 독점보다 경쟁을 통해 서로의 활로를 모색하는 것이 타당하다.

2000년대 초부터 한강 생태구역을 생태보전시민모임이 관리하거나, 어린이공원을 각 지역 노인정 등과 연계해 관리하던 사례는 있었지만, 본격적인 모양새는 2016년 말부터 (재)서울그린트러스트가 서울숲 전체를 운영 관리하고, 서울로7017도 최근 민간단체에서 관리를 맡으면서 본격적인 시동이 걸리는 모양새다. 이러한 사례들을 확대해 지방자치단체가 독점하던 공원 관리를 주민, 전문가, 기업, NGO 등 민간에 단계적으로 또 규모별로 맡겨 역량을 높이고, 발전적 경쟁 체제로 가야 한다. 특히, 지역 중심 협동조합, 사회적기업의 참여가 필수적이다. 작은 공원부터 시작해 서로 경험하면서 노하우를 쌓고 이를 바탕으로 경쟁해 나간다면, 결국 그 결과는 오롯이 이용객에게 이익으로 돌아갈 것이다. 당장 조직 약화를 우려하는 공무원들의 걱정도 있을 것이나, 기존 조직에 천착할 것이 아니라, 더 혁신적인 역할 설정을 위해 애쓰는 것이 도시를 위해서 더 행복한 일이다.

공원 관리를 민간에 맡기면서 여러 가지 장점이 생

겨나겠으되, 특히 기대하는 것은 기부문화 활성화다. 우리 기부문화가 약한 것은 세금 체계 등 여러 가지 분석이 있으나, 그것은 현실을 멀리서 진단하는 말일 뿐이다. 그보다는 공조직이 혼신의 힘을 다해 기부문화를 키우려는 의지가 부족했다는 것이, 더 바른 판단일 게다. 민간 입장에서 민간을 더 잘 이해하고, 적극성을 발휘해 좋은 아이디어를 발굴해 낸다면 기부문화도 공원에서 활짝 꽃피울 수 있다. 상호부조는 우리의 오랜 전통이기 때문이다. 지금 필요한 건 기획이다. 공원에 좋은 경관, 좋은 프로그램, 좋은 시설 계획이 있고, 이를 잘 알린다면 기부는 생겨난다. 민간 운영을 통한 기부문화 기획자의 활약을 오매불망 기다린다.

민간의 관리는 장기적 안목으로 일한다는 장점도 빼놓을 수 없다. 안타깝지만 공무원은 단기적 행동 습관을 가진다. 1년마다의 예산 체계, 2~3년마다의 인사 체계, 4년마다의 단체장 임기 체계, 5~8년마다의 승진 체계 속에서 늘 저글링 하며 지낸다. 공원에 대해 민간은 주민이자 아이들 부모이자 당사자이므로, 한 장소에서 긴 호흡으로 헌신할 수 있다. 물론 민간 위탁이라는 몸에 맞지 않는 옷 같은 제도를 뜯어, 완전히 다시 꿰맬 필요도 크다. 민간 관리 확대와 민간과 공공의 우호적 경쟁은, 공원에 또 다른 가치를 창출시킬 티핑 포인트가 될 것이다.

ⓒ온수진

용마산 도시자연공원 내 사가정공원

마을을 지키자

마을 공동체에 대한 관심이 높아지는 건, 점점 힘들어 가는 현실 속에서 가깝게 사는 사람들끼리라도 소통하며 어려움을 나누자는 마음 때문일 것이다. 소통하면 서로 돕게 되고, 정이 들면 서로 나누는 것이 세상 이치다. 예전엔 마을마다 마음이 모이는 공간이 있었다. 그 공간은 대부분 나무나 숲이 지켰다. 당숲, 당산나무가 그런 나무였고, 그 너른 그늘 아래 정자나 평상이 자리했다. 절기에 따라 흥겨운 놀이 공간이기도, 기쁨과 슬픔과 소식을 나누는 정신적 공유 공간이기도 했다. 도시에는 작은 공원이나 산자락 일부 공간이 그런 역할을 이어냈다. 어린이공원이 대표적이고, 소공원, 쌈지마당, 마을마당 등 이름도 소소하다.

이 소소한 공간에 요즘 어린 이용자들이 크게 줄었다. 절대적인 아이 수가 줄었고, 학원이나 운동클럽이나 방과후교실이 선점해 시간도 줄었다. 행복이 줄었고, 친구가 줄었고, 결국 마을엔 활력이 줄었다. 아이들이 썰물처럼 빠져나간 소소한 이 공간들은 어르신들이 그럭저럭 지켜주신다. 어린이공원이라는 이름에서 '어린이'라는 말을 빼야 한다는 이야기가 왕왕 나오는 이유다.

우선, 어린이공원을 비롯한 소소한 공간들 모두 '마을공원'으로 바꿔 부르면 좋겠다. 이름을 바꾼다는 건 본질을 바꾸는 것이기도 하다. 우선 적용하는 법령의 근거도 바꾸어야 한다. 규제가 강한 '공원'이라는 도시계획 틀로 관리할 것이 아니라, '공공공지' 같은 성근 틀로 관리해야 한다. 그러면 마을 상황에 따라 변주를 가할 수 있는 틈이 생긴다. 도서관, 마을회관, 교육장 등 공간이 필요한 마을, 텃밭이 필요한 마을, 놀이터가 필요한 마을, 정원이 필요한 마을 등 마을마다 급하고 소중한 것이 다르다. 건축물을 건립하는 경우에만 그 필요성을 따지는 정도로도 충분히 조율할 수 있다. 하지만, 이런 방식으로 접근하는 이번 정부의 핵심 사업 중 하나인 '생활SOC사업'에 연간 5조 원씩 투입하면서도, 본디 지방자치단체 책임이라는 이유로 '공원'은 10가지 지원시설(도서관, 체육센터, 문화센터, 어린이집, 건강센터, 돌봄센터, 육아나눔터, 가족센터, 주차장)에서 제외되어 통합적으로 활용되지 못하는 형국이다.

만드는 것도 그렇지만, 이러한 '마을공원'과 그 부속 기능은 당연히 관리도 마을이 직접 해야 한다. 개최하는 크고 작은 행사도 마을 사람들이 직접 기획해 추진하고, 그 예산도 마을 사람들이 함께 운영해야 한다. 공공에서는 비용을 지원하고, 회계를 돕고, 분란을 중재하며 기다려주면 될 것이다. 좋은 사례를 공유하고, 자랑하는 것도 필요하겠다. 모든 '마을공원'이 처음부터 잘 진행될 수는 결단코 없겠지만, 믿고 맡겨간다면 마을은 조금씩 공원을 지키고, 공원은 조금씩 마을을 지켜낼 게다. 마을을 지킨다면, 결국 이 시대를 관통하여 우리를 오롯이 지킬 수 있을 것이다.

영국 런던 캠리 스트리트 자연공원(Camley Street Natural Park)
텃밭 요리 운영자

일자리를 만들자

일자리가 화두다. 우선 인정해야 하는 건 인공지능과 로봇이 스마트하게 해내는 일이 점점 늘어나고 있으며, 일자리라는 건 금전적 가치와 함께 마음자리, 즉 존엄성이나 자존감까지 고려되어야 한다는 점이다. 이제 일자리는 복지의 영역으로 확장되었다. 1930년대 뉴딜 정책이 그러했고, 1997년 IMF 외환위기 직후 추진된 숲 가꾸기가 그러했다면, 이제는 공원에서도 그 역할을 기꺼이 감내해야 한다.

공원 관리 직원과 현장 관리 인력은 예산 절감 명분하에 지속적으로 줄었다. 예산 절감을 위해 공원 관리 수준도 함께 줄여 왔고, 우선순위를 정해 선택적 관리를 해야 했다. 민원 있는 것, 지시 있는 것, 눈에 잘 보이는 것을 우선하고, 나머지는 조금씩 줄여 나갔다. 줄여 나가는 것에 집중하는 현 상황에서, 새로운 것에 도전하는 것은 쉽지 않다. 이러한 침체를 반전시키기 위해서는, 말 그대로 새로운new 합의deal가 필요하다. 지금은 새로운 공원 관리 업무를 통해 일자리를 확대함으로써, 공원의 가치를, 나아가 도시의 가치를 높여야 한다.

기실 공원에서 새로운 일자리를 만드는 것은 앞서 언급한 방법들과 긴밀하게 연결되어 있다. 숲 가꾸기가 대표적이다. 숲 가꾸기를 꾸준히 시행하면, 생물다양성을 높이고, 산사태나 산불 등 재해를 예방하기에 유리하다. 이를 통해 숲 가까운 주민을 중심으로 안정적인 일자리를 만들 수 있다. 정원도 마찬가지다. 공원은 관리에 용이한 나무와 꽃을 우선하여 심기보다, 곳곳에 아름다운 정원들이 도입되어야 매력적인 공간으로 발돋움할 수 있다. 이를 위해서는 실력 있는 정원사가 필요하다. 정원사는 공원 곳곳에 있는 정원을 잘 가꾸기도 하지만, 정원을 가꾸는 지역 자원봉사자를 오랜 기간에 걸쳐 잘 길러내는 교사 역할을 하기도 한다.

또, 텃밭을 잘 운영하기 위해서도 오랜 경륜의 텃밭 지도사가 필요하다. 텃밭에서 생산된 건강한 먹거리를 요리로 변신시켜 줄 멋진 요리사도 필요하다. 제대로 된 놀이문화를 확산하기 위해서는 놀이활동가도 필요하다. 놀이활동가는 아이들에게도 필요하지만, 엄마들에게도 꼭 필요하다. 공원에서 다양한 식음 및 쇼핑 서비스를 제공하기 위해서는, 다양한 메뉴의 식당과 카페를 운영하고, 다양한 물품을 기획하고, 수집하고, 만들고, 판매할 사람이 필요하다. 공원이 지역 학교와 주민과 연계하는 다양한 프로그램들마다 일자리는 무수히 필요하다. 업무를 줄이기 위한 취사선택이 아니라, 공원 활성화를 위한 일자리 추가 선택이 필요한 것이다. 이렇듯 공원에서 만들 수 있는 일자리는 무한에 가깝다. 다만, 이를 실행시키는 추진력은 사회적 합의 능력일 것이다. 공원을 처음 만들던 그 뜨거운 마음으로, 공원에서 일자리를 만들자.

ⓒ온수진

한남 더힐 아파트 중정에 놓인 의자 조형물

의자를 놓자

보행친화도시가 어려운 이유는 관용차가 많아서다. 높은 분들이 늘 걸어 다니면 보행친화도시는 자동으로 달성된다. 북유럽 높은 분들이 걷거나 또는 자전거 타고 출퇴근하는 건 익숙한데, 한국에선 아직이다. 왜냐, 높은 분들은 예약된 사람만 만나기 때문이다. 길에서 아무나 마주치는 것, 특히 민원 있는 분들을 문득문득 마주치는 걸 무척 어려워한다. 그래서 높은 분들은 자유로운 거리에서 오히려 자유를 잃고, 스스로 밀실에 갇힌다.

높은 분들이 늘 걸으면, 보도는 곧 매끈하게 정비되고 청결해진다. 걷는 데 불편하면 큰일이니까. 높은 분들이 늘 걸어 다니면, 가로수는 두 줄로 큼직하게 자라난다. 여름 땡볕을 막을 그늘목이 없으면 불쾌지수 높아지니까. 높은 분들이 늘 걸어 다니면, 거리 곳곳에 또 크고 작은 광장과 의자가 많아진다. 왜? 자주 걸으면 그만큼 다리를 쉬어야 하니까.

의자는 마술이다. 소비를 동반해야만 권리가 주어지

는 카페나 편의점 의자 말고, 도시 곳곳에 누구나 앉을 수 있는 의자가 많아지면 마음이 푸근해진다. 잠시 몸과 마음을 내려놓을 수 있는 여유를 선사한다. 빌딩 앞 작은 녹지대에 의자를 놓으면, 아니 가로수 곁에 의자 하나만 놓아도 훌륭한 쌈지공원pocket park이 된다.

의자가 있으면 앉을 사람은 있을까도 문제다. 무척 바쁜 도시민에게 의자에 편히 앉아 쉬는 건 사치에 가깝게 느껴질 수 있다. 유일하게 걸을 수 있는 시간은 점심시간 정도다. 거리에 의자가 없으니, 걷다가 잠시 동료들과 이야기라도 나눌라치면 부득불 카페를 이용해야 한다. 그래서 저렴한 테이크아웃 커피를 들고 편안히 앉아 이야기를 나눌 의자는 곳곳에 꼭 필요하다.

이렇듯 의자는 도시의 여유다. 그러므로 도시 곳곳에 여유를 놓아야 한다. 헌데 아이러니하게도 우리 거리엔 의자가 없다. 떠올려보자. 주로 걸어 다니는 너른 길가에 의자가 잘 놓여 있고, 많은 사람들이 편안하게 쉬는 광경을 본 기억이 있는지? 버스정류소나 지하철 승강장 의자만 기억나지, 그런 거리가 선명하게 떠오르지는 않을 가능성이 높다. 공원이든 거리이든 의자에 인색한 것은 그 관리의 어려움에 있다. 거리 쓰레기는 하루 두세 번 정도 치우면 되지만, 의자가 있다면 더 자주 손길이 닿아야 한다. 공원은 그나마 관리권이 명확하니 의자를 놓기에 어려움이 적지만, 거리는 다르다. 의자가 어디에 놓이느냐에 따라 이를 책임질 관리부서가 다르기 때문이다. 정류소냐? 보도냐? 공공 녹지냐, 민간 건물이냐에 따라 같은 의자가 다른 손길을 받는다.

노숙인에 대한 두려움도 근본적인 문제다. 허나 생각해보자. 의자가 노숙인을 만드는 것이 아니다. 특별한 계기가 없는 한, 노숙인은 크게 늘어나지 않는다. 의자를 놓으면서 노숙인을 걱정하는 것은, 넘어질까 겁나 걷지 못하는 것과 같다. 또 어떤가, 멋진 의자에 노숙인이 편안하게 쉬는 것도 도시의 쉼표다. 노숙인도 잘 살아야 도시민도 잘 살 수 있음을 명심하자. 보행친화도시를 위해 다른 많은 것도 필요하겠지만, 다양하게 의자를 설치하고 거리별로 보도, 의자, 녹지대, 정류소 등 스트리트 퍼니처street furniture를 통합 관리하는 시스템이 필요하다는 걸 꼭 기억해야 한다.

RHS

공원을 살리는

공원

©환경과조경

영국 첼시 플라워 쇼 행사장

브랜드를 디자인하자

현대 사회에서 브랜드는 가히 종교이자 커뮤니티다. 카우보이 시대에 미국에서 주인 헷갈리지 말라고 소 등짝에 찍어주던 불도장(소인)에서 유래한 브랜드가, 이젠 우리 정신까지 지배할 기세다. 초일류 기업 브랜드의 무한한 영향력 확장에 자극받아, 일종의 비영리조직인 국가도, 도시도, 작은 지역들도 부지런히 브랜드에 몰두한다. 이런 형편 속에서, 한 도시의 공원에도 브랜드가 필요할까? 말하자면, 서울에 있는 2,859개 공원에 일관된 브랜드가 필요할까?

브랜드는 제품과 서비스로 표현된다. 공원이라면 숲과 물, 산책로, 벤치 등 '시설'과 그 시설의 '관리(와 관리자)'로 표현된다는 것이다. 브랜드 구축은 시간을 두고 일관된 신뢰를 쌓고, 그에 따라 사람들과 그 제품이나 서비스가 결속되어 가는 과정이라 바꿔 말할 수 있다. 즉, 서울의 공원이 다양한 시설과 관리와 프로그램을 통해서 신뢰를 축적해가는 과정이라 바꿔 말할 수 있을 것이다. 전적으로 필요하다.

공원 브랜드 구축에는 공원이 가져야 할 핵심 가치를 정하고, 이에 따라 브랜드를 디자인하는 과정이 필요하다. 중요한 것은 브랜드의 핵심 가치를 시설들에도, 관리 수준에도, 관리자 자신에게도 깊이 새기고 풍기게 함으로써, 이용자로 하여금 오랜 기간에 걸쳐 신뢰를 쌓아가도록 하는 것이다.

그럼 어떻게 할까? 물론 해야 할 것은 너무나 많아서 이 꼭지에 모두 담을 수는 없다. IMF 구조조정 찬바람이 모든 부서에 거세게 몰아치던 1999년에 서울시가 '공원 프로그램 개발실'이라는 조직을 신설한 것도, 이에 따라 2000년 처음 '서울공원 인터넷 홈페이지'를 론칭한 것도, 2000년대 초반부터 새로 공원을 만들 때마다 개별 CICorporate Identity를 도입한 것도, 2004년 '공원 안내 사인 체계'를 통일한 것도, 돌아보면 모두 공원 브랜드 구축의 일환이었다.

이러한 각각의 결과들을 바탕으로 앞으로 공원 브랜드는 어떻게 만들어 나가야 할까(참고로 서울시엔 '도시브랜드과'가 있긴 하지만, 공원 부서에 브랜드를 별도로 담당하는 직원은 없다). 우선 하드웨어인 공원 시설에 대한 브랜드 작업은 일견 '정비'라는 이름하에 많이 시도되어 왔다. 중요한 것은 공원을 직접 설계한 조경 디자이너의 고유 디자인에 대한 존중 속에서 진행 해야 한다는 것이다. 또한 이를 통합적으로 추진하기 위해 총괄 또는 분야별 공원 디자이너 제도 도입도 필요하다. 물론 시설 디자인 범주에 에너지, 다양성 존중 등 다양한 시대정신도 함께 반영되어야 하겠지만 말이다.

두 번째로, 하드웨어인 시설보다 시급한 것은 소프트웨어인 관리다. 관리는 매뉴얼도 필요하지만, 결국 사람(관리인) 문제다. 관리인이 공원에 대해, 공원 브랜드에 대해 자긍심을 느끼지 못하는데, 이용자에게 감동을 줄 수는 없는 노릇이다. '이름(네이밍)'도 중요하다. 공원의 이름도, 시설의 이름도, 심지어 관리인의 이름(호칭)도 중요하다. 관리인의 호칭뿐일까? 신분도, 유니폼도, 교육도, 채용 시스템도 중요하다. 브랜드가 가질 비전을 물성(시설)과 인성(관리)에 대해서까지 일관되게 공유하는 그런 공원을 갖고 싶다. 그런 공원 브랜드를 디자인하고 싶다.

미국 뉴욕 매디슨 스퀘어 파크(Madison Square Park) 내
쉑쉑버거

돈을 벌자

최근 스타벅스에서 모 공원에 제안을 했다. 공원에 스타벅스 카페를 지어 기부할 테니 일정 기간 운영할 수 있도록 해달라고. 이런저런 고민을 했고 결국 공원에서는 거절했다. 나중에 듣고 무척 안타까웠다. 현재 서울 공원에서 가장 취약한 점 중 하나가 수준 높은 식음료 판매와 쇼핑 공간이 없다는 것이다. 멋진 정원과 휴식 공간과 산책로를 만들면 뭐 하나? 결정적으로 먹는 것이 안 되는데. 뉴욕 메디슨스퀘어 공원의 작은 햄버거 가게로 시작한 쉑쉑버거까지 이야기할 필요도 없다. 좋은 커피나 음료 한잔 파는 곳도 없이 어떻게 좋은 공공공간이 될 것인가 말이다. 나는 스타벅스를 거의 이용하지 않지만, 그 브랜드는 신뢰한다. 스타벅스에서 카페를 지으면 최소 20억 원의 건축비를 절감할 수 있다. 매년 토지사용료를 받고, 일정 기간이 지나면 건물사용료도 받는데 공무원들은 왜 안 할까? 대기업에, 특히 외국기업에 특혜를 주었다는 의혹을 받기 때문이다. 운영 과정에서는 가격이 비싸도, 새로운 메뉴를 만들어도, 현장에서 발생하는 사소한 민원에도 공무원의 잡무가 늘어날 수 있겠다 걱정되기 때문이다. 중간에 실적이 좋지 않으면, 항상 법적 쟁송으로 연결되기 때문이기도 하다. 걱정해서 걱정이 사라진다면 걱정이 없는 형국과 비슷하다.

그럼 어떻게 할까? 간단하다. 모든 리스크를 공원과 공무원의 양어깨에 걸머지면 된다. 우선 적절한 위치와 면적을 면밀히 조사한다. 기존 노후 건축물도 좋은 장소다. 이곳을 철거하고 새롭게 건축하는 방식으로 진행하면 더 좋다. 충분히 조사가 되면, 이젠 이곳에 들어올 수 있는 기업들을 조사한다. 그 기업들에 이 조건들이 부합하는지도 조사한다. 세밀한 운영 조건과 안전장치들도 조사한다. 그런 후 충분한 시간을 두고 이 장소들을 대상지로 공모한다. 공모 신청한 기업이나 개인과 충분히 협의한다. 추가적인 조건과 안전장치도 또한 서로 상의한다. 건물은 공원을 디자인한 조경가와 협의해 적정한 가이드라인을 정해 공원과 조화를 이룰 수 있도록 디자인한다. 각종 특혜 의혹과 건축 기간 중 생기는 민원도 몸소 감당한다. 운영 개시 이후의 혼선도, 운영 실적의 등락에 따른 기업의 불만도, 모두 감내한다. 핵심은 이 모든 것을 감내하는 것과 공원 이용객이 누리는 만족 중 어느 것이 큰가에 대한 판단뿐이다.

공원은 많은 돈을 벌고 싶다. 뉴욕의 작은 공원에서 시작해 세계적 프랜차이즈가 된 쉑쉑버거처럼, 서울의 공원을 대표하는 식음료 브랜드를 만드는 것도 목표지만, 더 중요한 건 그렇게 벌어들인 큰 돈으로 공원에 멋지게 재투자하고 싶기 때문이다. 공원 한 귀퉁이를 헐어 스타트업 기업을 지원하는 엑셀러레이터를 유치하고, 그 기업들이 유니콘 기업이 되었을 때 사회공헌사업CSR으로 이 공원을 더 아름답게 가꿀 수 있으면 좋겠다. 공원에 음식점, 매점, 카페만이 아니라, 영화관, 코인노래방 등 인기 있는 수익 시설들을 설치했으면 한다. 한편에서는 독립출판물을 판매하는 독립책방도, 작가들의 핸드메이드 상품을 판매하는 공예점도, 도시 농사꾼 수확물을 판매하는 농산물 무인 판매대도 설치했으면 한다. 자판기 믹스커피도 충분히 가치 있지만, 공원 한구석에서 스페셜티 커피 자판기를 만나는 행운도 필요하다. 심지어 공원 옆에 대형마트를 유치해, 주말에 마트에 오는 가족들을 이용객으로 끌어들이는 상상도 해본다. 왜 공원이 대형마트와 경쟁하는가? 연대해야지! 이렇듯 공원은 이용객에게 필요한 것이라면 무엇이든 받아주려는 마인드가 필요하다. 돈을 잘 버는 공원을 만든다기보다, 이용객이 돈을 잘 쓰고 싶어하는 공원을 만들고 싶다.

ⓒ오수진

국립현대미술관 서울관

스마트를 깔자

어찌 보면 아날로그 상징 같은 공원까지 스마트해야 할까? 공원이 와이파이는커녕 전화도 문자도 터지지 않는 날 것 그대로인 (통신 측면에서) 야생 공간이라면, 이용자들에게 더 깊은 감동을 줄 수 있지 않을까 하는 엉뚱한 상상을 해보기도 한다. 허나 이미 공원엔 스마트한 시설들이 제법 많은데, 그 중 대표적인 것이 공공 와이파이나 CCTV다.

스마트한 공원을 상상해보자. 열이나, 동작, 스마트기기 등을 통해 이용객을 감지해 공원등을 밝히고, 이용객이 없다면 밝기를 낮춘다. 이용객이 지나가면 문자나 음성으로 이 시간 전후 공원에서 개최되는 행사들을 안내한다. 난간, 호숫가 등 위험 구간 안으로 진입하는 이용객을 감지해 위험 신호를 보내거나, 방송을 한다. 공원등이 스마트 공원등이 되고, 공원 스피커가 스마트 스피커가 되는 것이다. 드론이 주기적으로 이용객 분포와 숫자와 이동 방향을 헤아리고, 위험한 상황에선 단숨에 날아가 현장을 모니터링한다. 겨울철 공원 벤치에 앉으면, 살며시 열선이 작동해 따스함을 제공하고, 시기별 날씨별로 특정한 음악이 흘러 나온다. 무인로봇이 산책로를 따라 쓰레기를 줍고, 이용객이 지나가면 인사를 던진다. 파손된 시설을 3D프린터가 현장에서 곧바로 수리한다. 공원 회원으로 등록한 이용객이라면, 공원에 왔을 때 얼마나 자주 운동하러 오고 있는지 분석과 조언을 듣는다.

4차 산업혁명의 범주에서 스마트공원은 결국 공원의 각종 정보를 빅데이터로 축적하고, 이를 스마트하게 활용한다는 개념이다. 무엇보다 정보 축적이 우선이다. 최근 북미지역을 중심으로 빠르게 확산되고 있는 수파벤치soofa bench가 대표적이다. 2014년 처음 보스턴에 설치된 이 스마트벤치는, 현재 북미지역을 중심으로 세계 65개 이상 도시에서 사용 중이다. 태양광 패널로 운영되므로 스마트기기 충전 기능도 있긴 하지만, 가장 중요한 기능은 이용 데이터의 지속적인 축적이다.

세계 최초 AI공원으로 알려진 북경 하이얼海淀 공원도 마찬가지다. AI 기반 무인 셔틀버스도 운영되지만, 무엇보다 중요한 기능은 공원 곳곳에 설치된 안면 인식 카메라를 통한 공원 이용객의 보행거리 등 운동 데이터와 이용 데이터를 지속적으로 축적하는 것이다. 공원 입구 게시판에는 보행거리가 높은 이용객 순위까지 게시해 숨은 운동 욕구를 자극하기도 한다.

IoT를 통해 세밀하게는 언제 어디로 몇 명이 들어오고, 어디로 움직이고, 어디에 얼마나 머무르고, 무엇을 하다, 무얼 먹고, 어디로 나가는지 등 모든 데이터를 축적하게 된다. 시간대별, 요일별, 계절별, 날씨별, 특정일별 어떤 이용 행태를 가지는지 알 수 있다. 이용객 데이터뿐 아니다. 꽃이 피고, 열매가 맺고, 생물들이 짝짓기를 하는 생물상도, 대기질과 토양 현황과 수질 현황까지, 공원 일거수일투족을 각종 IoT기술 등을 활용해 빅데이터를 구축하고, 인공지능을 통해 분석하고, 또 활용하는 것이다. 결과적으로 스마트공원은 고객 요구를 현명smart하게 이해하고 서비스한다.

그럼, 서비스는 어떻게 할까? 도시에서 익명성이 CCTV와 스마트폰에 의해 훼손되고 있음을 기억한다면 더 신중해야 할 것이다. 서비스는 잘 드러나 보이지 않을 때 더 스마트하다. 자주 머무르는 곳은 더 편안한 공간으로 천천히 변모하고, 많이 다니는 길목에 아름다운 정원을 조금씩 가꾸어도 좋다. 비용이 많이 드는 대형 공연 대신, 곳곳에서 적시에 벌어지는 작은 공연 하나하나가 더 감동적으로 다가갈 수 있는 것도 빅데이터의 효과다. 적절한 시기에 꽃을 피우고 향기를 뿜는 꽃과 나무들처럼, 공원에 소리 없이 현명함smart을 깔아야 한다.

©환경과조경

독일정원박람회 주택정원 모델

에너지를 자립하자

공원에 신재생에너지를 도입하려는 노력은 유구했다. 2002년 하늘공원에 풍력발전기 5기가, 2005년 서울숲에는 건물 냉난방을 위한 지중열시스템이 최초 도입되었다. 여러 공원 곳곳에는 태양광 패널도 설치했다. 공원이 상대적으로 에너지를 적게 쓰는 공간이라지만, 그것이 환경 위기를 극복하는 데 공원이 선도적으로 나서지 못할 이유는 아닐 것이다.

공원, 도로, 건축물 등 공공시설들이 각기 에너지를 자립하도록 하는 방안은 외려 간단하다. '에너지 제로 선언'을 먼저 하면 된다. 목표가 없기에 목표에 다가가지 못하는 것뿐이다. 예를 들어, "공원은 향후 5년 내 에너지 제로 공간으로 거듭나겠다!"는 목표를 세운다면, 그 단계별 계획을 세워 달성하게 된다는, 무척 간단한 이치다.

사실 우리는 이미 방법을 알고 있다. 우선 에너지 사용량을 줄이면 된다. 공원등을 LED로 바꾸거나, 스마트하게 필요한 곳만 밝혀도 된다. 에너지 먹는 하마인 분

수 대신 수압으로 운용되는 작은 물놀이기구를 활용하면 된다. '뉴욕 로우라인'과 '종각역 태양의 정원'에서 활용된 우리 기술인 '자연채광장치'를 필요한 곳마다 도입하면 된다. 차량 및 관리 장비도 전기차와 충전식 장비로 교체하면 된다. 공원 건축물은 옥상과 벽면을 녹화하고, 에너지 효율을 높이도록 정비하면 된다. 공원에 새롭게 짓는 건축물이라면 패시브 하우스를 원칙으로 적용하고, 에너지 소비가 많은 지하 공간 조성을 줄이는 등 근본 방향도 잡아나가야 한다.

또 다른 방법은 친환경에너지를 많이 생산하면 된다. 경관에 해가 없는 범위에서 모든 건물 옥상과 벽면, 공원 곳곳에 다양한 규모와 형태의 태양광 패널을 설치하자. 벤치, 안내판, 공원등 등 모든 시설물에 태양광 패널을 어떻게 넣을 것인지를 고민하면 된다. 수파 벤치soofa bench 사례처럼 스마트기기 충전 수준이 아니라, 공원 시설 자체를 신재생에너지 생산 공장으로 만들자는 것이다. 태양광만이 아니다. 당연히 풍력발전기, 특히 소형 풍력발전기도 공원에 적용할 중요 항목이다. 공원등에 풍력발전기와 태양광 패널을 함께 결합하고, 건물 기둥마다 풍력발전기를 달아야 한다. 지열 활용에 대한 구체적인 매뉴얼도 만들어야 하고, 공원에 가득한 재료를 재활용하는 바이오메스biomass 생산 등 우리가 알고 있는 모든 신재생에너지 생산 방법이 모든 공원 요소와 연결되어야만 달성 가능하다. 심지어는 쓰레기로 버려지는 낙엽도 재활용하고 말이다. 물론, 생산만 하면 끝나는 것이 아니라, 적정한 위치와 규모로 저장, 관리, 소비하기 위한 스마트 그리드smart grid 시스템도 구축해 에너지 효율을 최적화하는 것도 잊지 말아야 한다.

더 없을까? 야외체육시설 하나하나가 발전기가 되어도 좋겠다. 아예 스피닝센터처럼 만들어 매일매일 모여 공원에 필요한 전력을 함께 만들어도 좋을 것이다. 시소나 그네 같은 아이들 놀이시설에서 전력을 생산해도 좋겠다. 무한한 상상력을 활용해 공원을 우선 에너지로부터 자립시켜야 한다.

ⓒ유청오

여의도공원, 2018 서울정원박람회

유니폼을 입자

권위주의의 상징인 관료 조직이 단기간 성공적으로 변모한 경우로, 소방서(소방방재청)를 우선 꼽는다. 일명 '발차기(단속 공무원들이 규정에 맞지 않는 시설을 발로 차면서 강압적으로 지적하는 행태를 칭하는 비속어)' 전문에서 목숨 걸고 헌신하는 공공 집단으로 단숨에 탈바꿈했다. 유사한 사례로 국립공원공단도 꼽는다. 현실 속 부득이한 위반 행위들 사이로 적절히 줄 타던 지역 연고형 관리 집단 이미지에서, 자연을 지키는 전문가 집단으로 꽤나 신속히 탈바꿈했다.

두 집단을 평가할 때, 나는 유니폼을 주요한 변곡점으로 꼽는다. 두 집단 모두 유니폼을 떠올릴 수 있다. 소방관이야 더 말할 나위가 없고, 국립공원공단도 미국 산림경비관을 칭하는 파크 레인저park ranger 복장을 차용했다. 예전에는 소방관들도 단속 업무 담당은 사복 차림이었으나 현재는 근무 중 언제나 유니폼을 입고, 국립공원공단도 1987년 새롭게 설립된 뒤 1990년대 들어 유니폼이 전면 도입되면서 변화 궤도에 올랐다.

유니폼을 입으면 무척이나 불편하다. 관리자가 어떤 일을 하는 사람인지 누구나 알 수 있다. 이름표를 부착하므로 이름이 노출된다. 멀리서도 알 수 있고, 여러 사람들 틈에 섞여 있어도 알기 쉽다. 근무지를 벗어나 있다는 것도 알기 쉽고, 규정에 맞지 않는 행위도 더더욱 알기 쉽다. 이러한 불편은 반대편에서 바라보면 편리가 된다. 공원 근무자가 모두 그 역할에 따른 유니폼을 갖춰 입으면, 이용객들이 무엇이든 쉽게 물을 수 있고, 문제가 발생했을 때 빠르게 전파할 수 있다. 무언가 잘못 행동하는 근무자도 지적할 수 있다. 동료 간이나 조직 상하 관계에서도 서로서로 긴장도를 높일 수 있고, 역할에 따라 나뉘기보다 서로 통합되며, 운영 시스템이 견고해 질 수 있다.

서울시는 2002년 상암동 월드컵공원을 새로 오픈하면서 유니폼 디자인을 처음 제안했고, 이를 발전시켜 2006~2007년에 걸쳐 '서울의 공원' 유니폼을 제작해, 서울시 전체 공원 관리 부서에 도입했다. 하지만 조례 개정, 지속적인 예산 확보 등의 후속 작업 불발로 수면 아래로 사라졌다. 솔직히 말하면 익명성에 익숙했던 직원들에게 유니폼은 족쇄라 여겨졌기에 자발적으로 침몰한 측면도 있을 것이다.

결국 유니폼은 강력한 목표 의식을 구성원 모두가 우선 공유해야만 순항할 수 있다. 유니폼으로 인해 생기는 불편이 이용자의 편리임을 함께 인식하는 것이 우선이겠으되, 유니폼 자체로도 자긍심을 고취할 수 있는 디자인이어야 하고 업무별 특성에 최적화된 기능성도 함께 받쳐주어야 한다. 속된 말로 간지나는 유니폼을 늘 갖춰 입을 때 생산되는 공원의 활력은, 그 자체로 이용자에게 시민에게 도시에게 깊이 스며들어 오랜 생기의 원천이 될 것이다.

무엇이든 품을 수 있는 공원의 무한상상

책을 써보겠다 하니 대뜸 "누가 읽냐?"길래, 움츠리며 "뭐 공원이나 조경에 관심 있는…"하고 얼버무렸습니다. 마치며 드는 생각은 이 책이 "도시에서 뭐라도 해보고픈 모든 이들에게 '공원'을 주목하고 잘 활용해 달라"는 연애편지 같다는 것입니다. 기후 위기와 불평등, 뉴노멀과 4차 산업혁명으로 설명되는 이 시기에, 역설적으로 지역과 공동체와 쾌적성을 대표하는 '공원'을 통해 위기에 놓인 도시(민)의 존엄을 지켜나갔으면 하는 바람이라 할 수 있겠지요.

1999년 여름 서울시에 입사했으니, 공원과 딱 21년입니다. 이 책은 입사 21주년 기념으로 제가 저 자신에게 앞으로 이렇게 해나가라고 쓴 지침서입니다. (대부분 인정 안하시겠지만) 조직에 맞추려 나름 노력했던 21년을 뒤로 하고, 앞으로 일의 본질, 즉 수

혜자인 도시와 도시민에 더 집중하겠다는 나름 다짐인 것이지요.

좌충우돌 일관과는 거리가 먼 글들이지만, '변화하지 않는다면 공원도 녹지도 절대선이 될 수만은 없다'는 원칙은 지키려 노력했습니다. 곳곳에 '필요하다면 공원도 양보해야 한다'는 언급이 많은데, 많은 분들은 '양보'에 방점을 찍으실 수 있겠지만, 전 '필요'를 눈여겨봐 달라는 부탁을 더 드립니다.

공원은 도시계획'시설'이지만, 다른 시설과 충돌하지 않습니다. 도시의 시설들 모두를 담을 수 있는 큰 그릇입니다. 커다란 만찬 테이블에 놓인 멋진 그릇들이 '공원'인 셈이지요. 근사한 음식을 놓기 위해 그릇을 치우거나 깰 것이 아니라, 음식에 어울리는 그릇을 찾아 담는 슬기가 필요한 때입니다.

도시에서 길과 공원과 산을 걸으며 '문제는 디테일'임을 늘 통감합니다. 공간과 돈이 없어서 못 하는 것이 아니라, 관심과 철저함이 부족했음을 인정할 수밖에 없습니다. 공공을 위한 일이 아니었다면 이렇게 오랫동안 버텨낼 수 있었을까 싶은 마음도 크지만, 높은 자긍심을 유지하고 끈덕지게 달려들지 못한 과오를 더 연장하고 싶지 않습니다.

앞으로 더 걷고, 더 숙고하고, 더 소통하며 사람과 길과 공원과 산과 하천과 도시와 지구와 우주에 대해 함께 공감해 나가겠습니다. 늘 삶의 지표가 되시는 어머니 조정자 님과, 삶의 목표와 과정을 함께 나누는 처 조유겸 님과 잠시 함께 미래를 꿈꾸는 아들 온유진 님께 미안과 감사를 온전히 나눕니다.